金 盘 地 产 传 媒 有 限 公 司　策划
广州市唐艺文化传播有限公司　编著

欧洲古典建筑元素

3

从古罗马宫殿到现代民居

复古思潮时期

中国林业出版社
China Forestry Publishing House

图书在版编目（CIP）数据

欧洲古典建筑元素 ： 从古罗马宫殿到现代民居. 3 / 广州市唐艺文化传播有限公司编著. -- 北京 ： 中国林业出版社， 2017.11
ISBN 978-7-5038-9362-9

Ⅰ. ①欧… Ⅱ. ①广… Ⅲ. ①古建筑－建筑艺术－欧洲 Ⅳ. ①TU-881.5

中国版本图书馆CIP数据核字（2017）第281332号

欧洲古典建筑元素：从古罗马宫殿到现代民居.3

编　　著：广州市唐艺文化传播有限公司
策划编辑：高雪梅
文字编辑：高雪梅
装帧设计：刘小川　陶　君

中国林业出版社·建筑分社
责任编辑：纪　亮　王思源

出版发行：中国林业出版社
出版社地址：北京西城区德内大街刘海胡同7号，邮编：100009
出版社网址：http://lycb.forestry.gov.cn/
经　　销：全国新华书店
印　　刷：深圳市雅仕达印务有限公司
开　　本：1016mm×1320mm 1/16
印　　张：17
版　　次：2018年3月第1版
印　　次：2018年3月第1版
标准书号：ISBN 978-7-5038-9362-9
定　　价：279.00元

图书如有印装质量问题，可随时向印刷厂调换（电话：0755-29782280）

欧洲古典建筑元素

3

从古罗马宫殿到现代民居

复古思潮时期

复古思潮时期

浪漫主义建筑

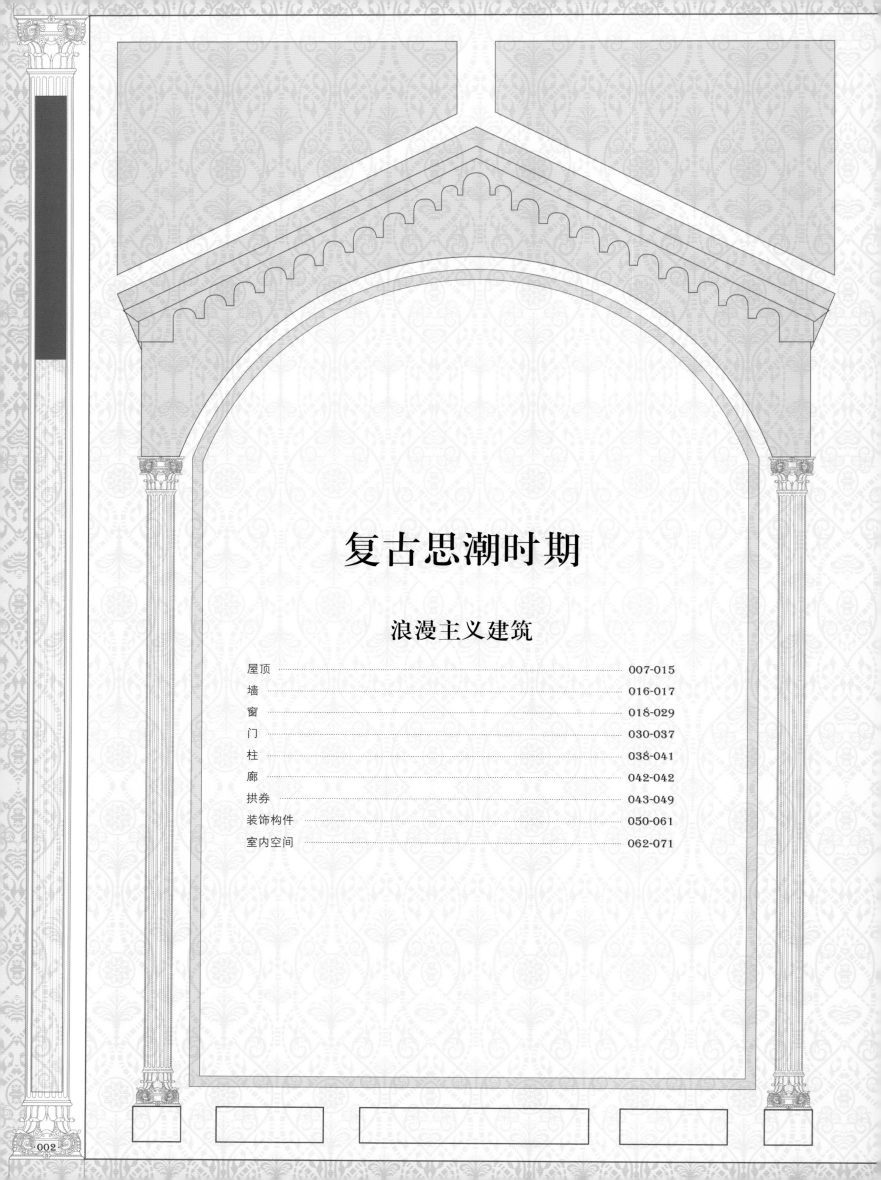

折衷主义建筑

浪漫主义建筑是18世纪下半叶到19世纪下半叶，欧美一些国家在文学艺术中的浪漫主义思潮影响下流行的一种建筑风格。18、19世纪的工业革命不仅带来了生产力的大发展，同时也带来了城市的杂乱拥挤、贫民窟滋生、环境恶化等恶果。于是社会上出现了一批乌托邦社会主义者，他们回避现实，秉持中世纪的世界观，崇尚传统的文化艺术，宣扬个性自由、提倡自然天性，同时用中世纪艺术的自然形式反对资本主义制度下用机器制造出来的工艺品，并用它来和古典艺术抗衡。这种思潮在建筑上表现为追求超尘脱俗的趣味和异国情调。

浪漫主义建筑

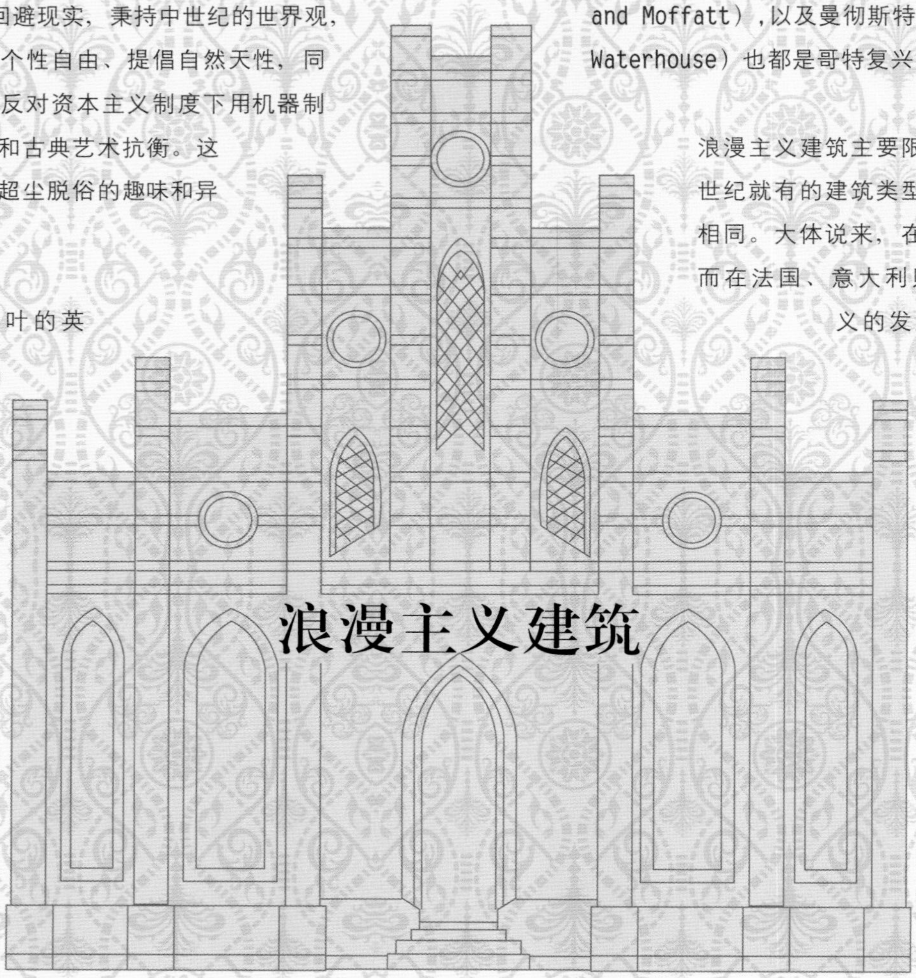

浪漫主义始于18世纪下半叶的英国，早期模仿中世纪的寨堡或哥特风格，如艾尔郡的克尔辛府邸（1770~1790）、威尔特郡的封蒂尔修道院的府邸（1796~1814）；中期浪漫主义常常以哥特风格出现，所以又称哥特复兴（Gothic Revival），它不仅用于教堂，也出现在一般世俗性建筑中，最著名的作品是英国议会大厦（1836~1868，Sir Charles Barry）和德国新天鹅堡。此外，英国斯塔夫斯的圣吉尔斯教堂（1841~1846，A.W.N.Pugin）与伦敦的圣吉尔斯教堂（1842~1844，Scott and Moffatt），以及曼彻斯特市政厅（1868~1877，Alfred Waterhouse）也都是哥特复兴式建筑较有代表的例子。

浪漫主义建筑主要限于教堂、大学、市政厅等中世纪就有的建筑类型。它在各个国家的发展不尽相同。大体说来，在英国、德国流行较早较广，而在法国、意大利则不太流行。英国是浪漫主义的发源地，美国步欧洲建筑的后尘，浪漫主义建筑一度流行，尤其是在大学和教堂等建筑中。耶鲁大学的老校舍就带有欧洲中世纪城堡式的哥特建筑风格，它的法学院和校图书馆则是典型的哥特复兴建筑。

OPTIK
HÖRTKORN

COPIOSA APUD EUM REDEMPTIO

Ratskeller
RESTAURANT
RATHAUS
APOTHEKE
J.G.MAYER
J.G.MAYER

Ratskeller
J.G.MAYER
J.G.MAYER

屋 顶

屋顶：尖顶

浪漫主义建筑显示哥特风格的特点，其标志性的部分是反复出现的精美雕刻的尖耸屋顶，强调垂直感，注重高耸、尖峭。甚至扶壁和墙垛上也都有玲珑的尖顶。因水平线条过多，尖顶的线条相对舒缓。千姿百态的尖顶上的装饰也是丰富多彩的，有镂空的拱券装饰，有栩栩如生的人物和动物雕刻，也有逼真的花朵装饰，迎合着尖顶向上的动势。

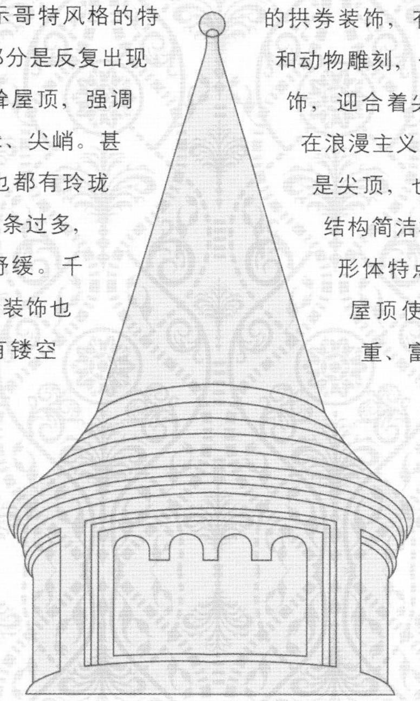

在浪漫主义建筑中，也并非都是尖顶，也有坡屋顶，立面结构简洁朴素，错落有致，形体特点鲜明，高耸的坡屋顶使建筑显得端庄稳重、富丽堂皇。

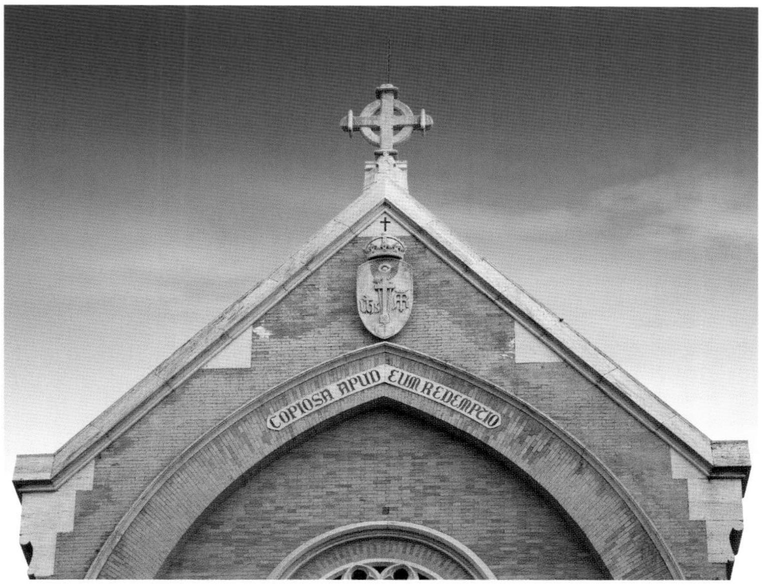
COPIOSA APUD EUM REDEMPTIO

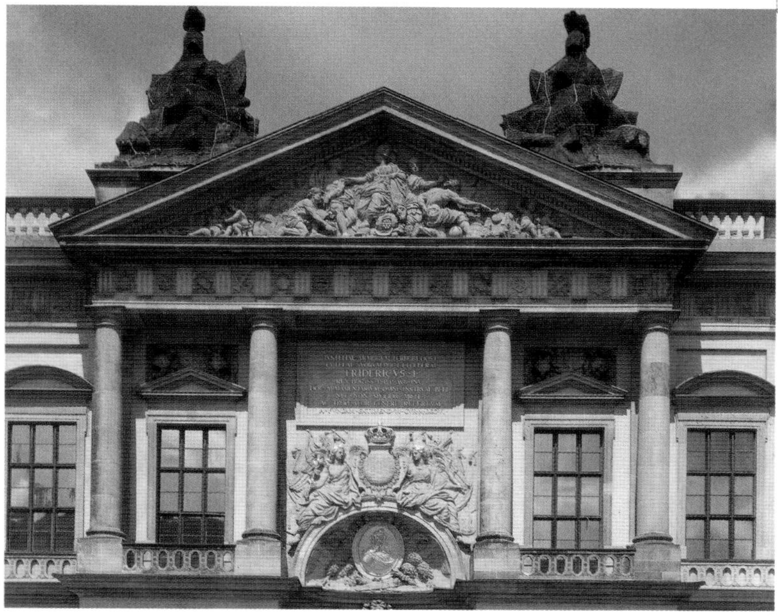

MDCCLII

墙

墙：从属地位

在浪漫主义建筑中，墙实际上处于从属的地位，外立面上是大片的高窗和精美的雕刻装饰，墙面上有数不清的垂直线条。这些线条往往被分割成石块状，有的还故意留下凿刻的痕迹，这既起了装饰作用，又使整个墙立面看起来有古典的风格。在墙的边缘或墙根处，配以凹凸有致的线条或小方块装饰，使整面墙不至于过于单调。外墙大部为抹灰的石材砌筑，也有古朴的红砖墙，让人感觉到久违的朴实和温馨。有些墙厚重，充分体现了庄严肃穆的气氛和意境。

窗

窗：尖券或圆券高窗

窗户上木梁呈尖券状或圆券状，给人以神秘的气氛。细高的窗户，使整个建筑向上的动势很强，雕刻也极其丰富。和哥特式建筑的窗户一样，浪漫主义建筑也有玻璃彩绘，仿佛在向人们讲述着一个个历史和人物故事。

很多窗户被分割成一个个尖券状或花瓣状，仿佛一件艺术品。高窗透着拒人千里之外的感觉，使整幢建筑物显得特别神秘。而有些浪漫主义建筑也并非一味的追求高窗，有立面简单高度适中的窗户，也有圆形状花瓣形窗户。

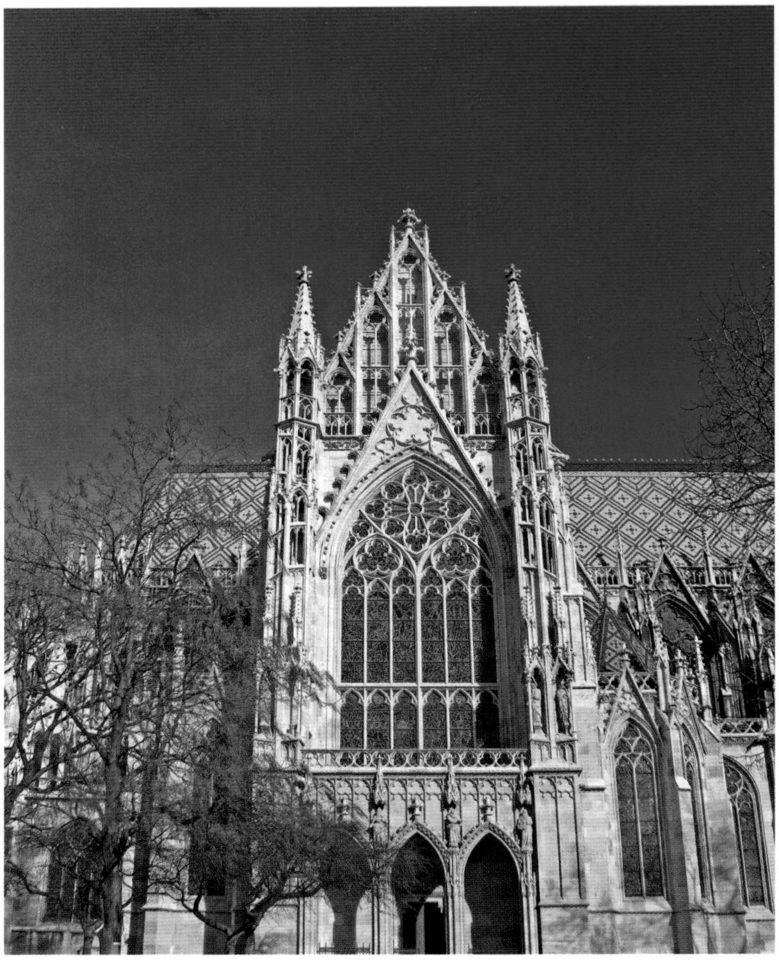

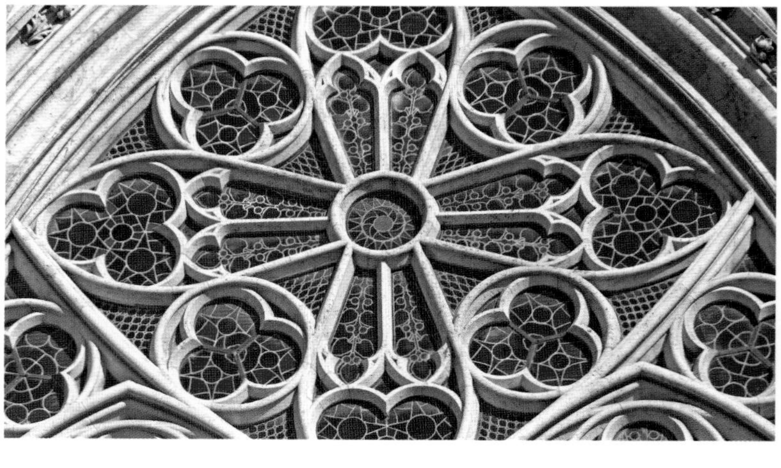

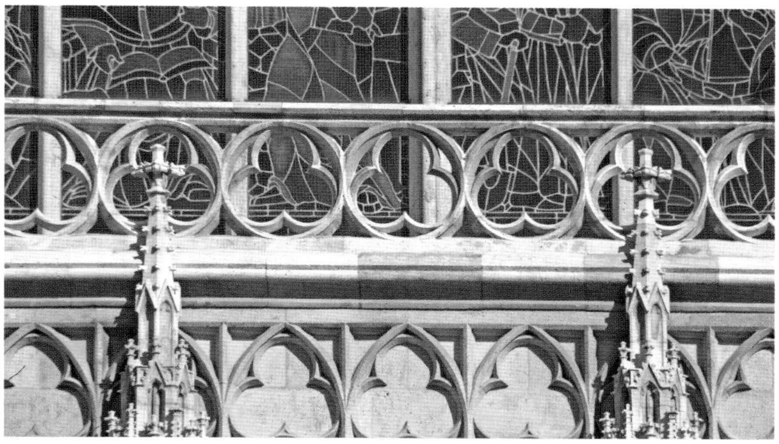

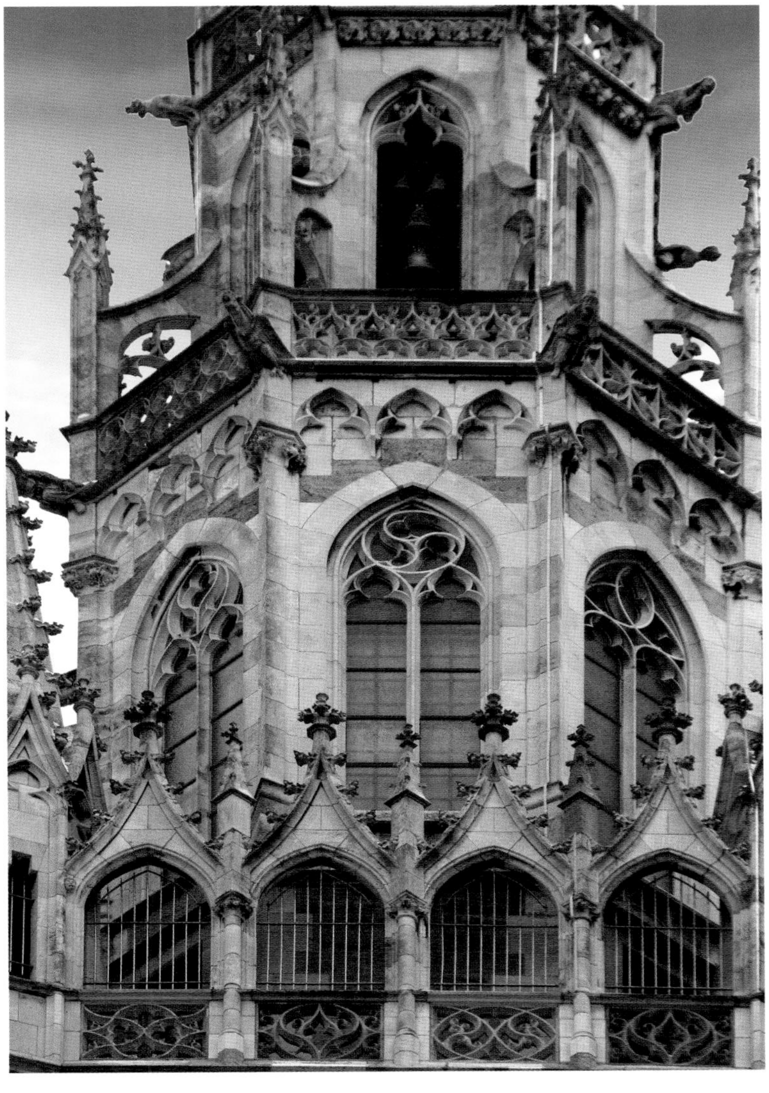

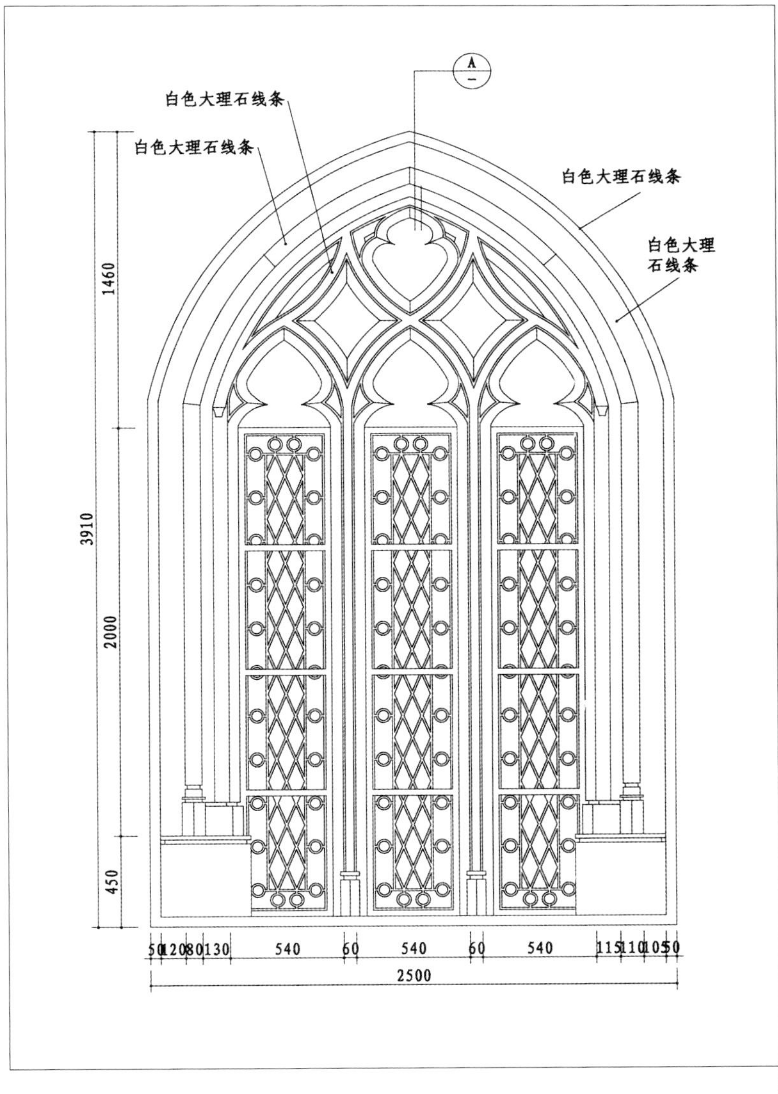
白色大理石线条
白色大理石线条
白色大理石线条
白色大理
石线条
A
1460
3910
2000
450
50
120
80
130
540
60
540
60
540
115
110
105
50
2500

PRAGA·CAPUT·REGNI

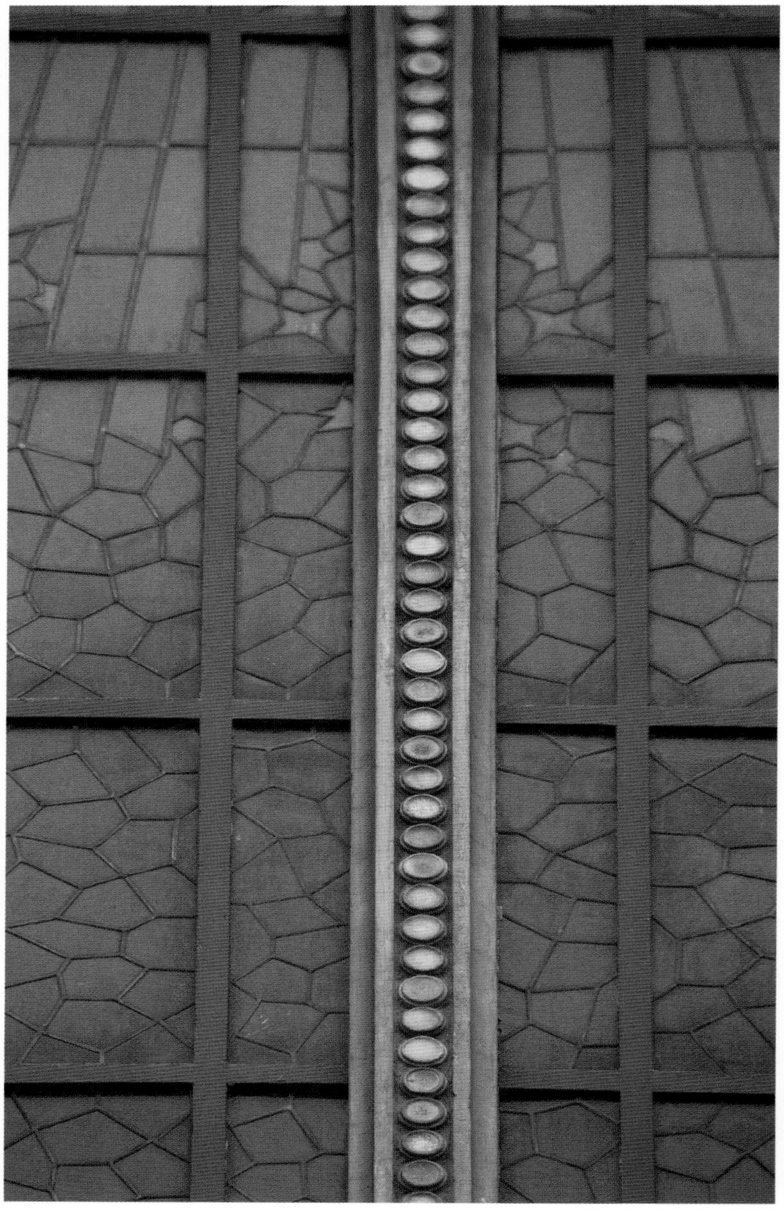

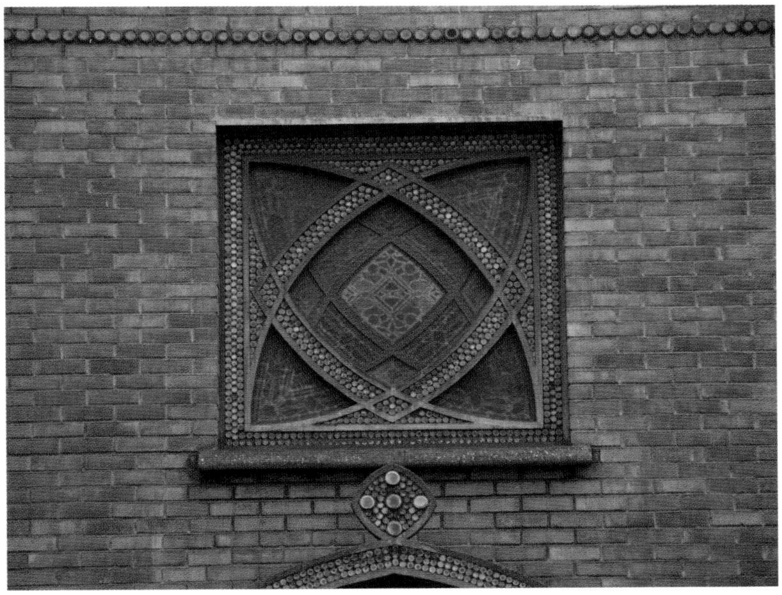

复古思潮时期

新古典主义建筑

浪漫主义建筑

折衷主义建筑

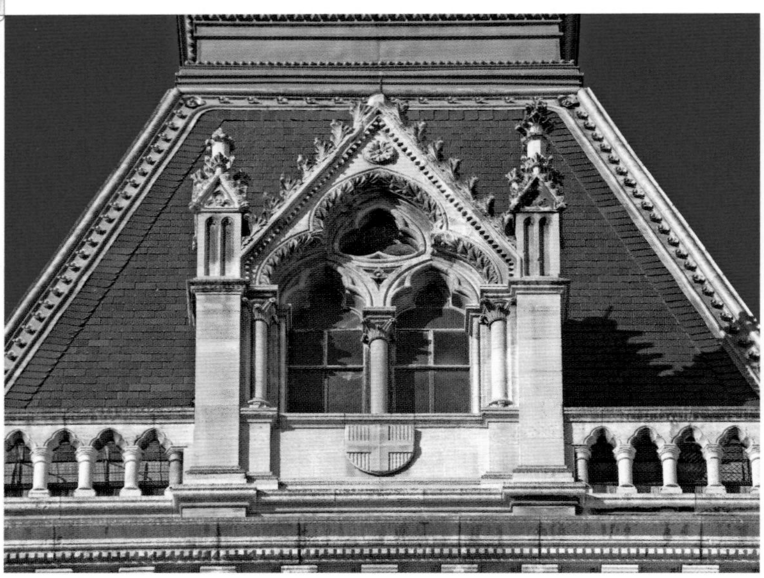

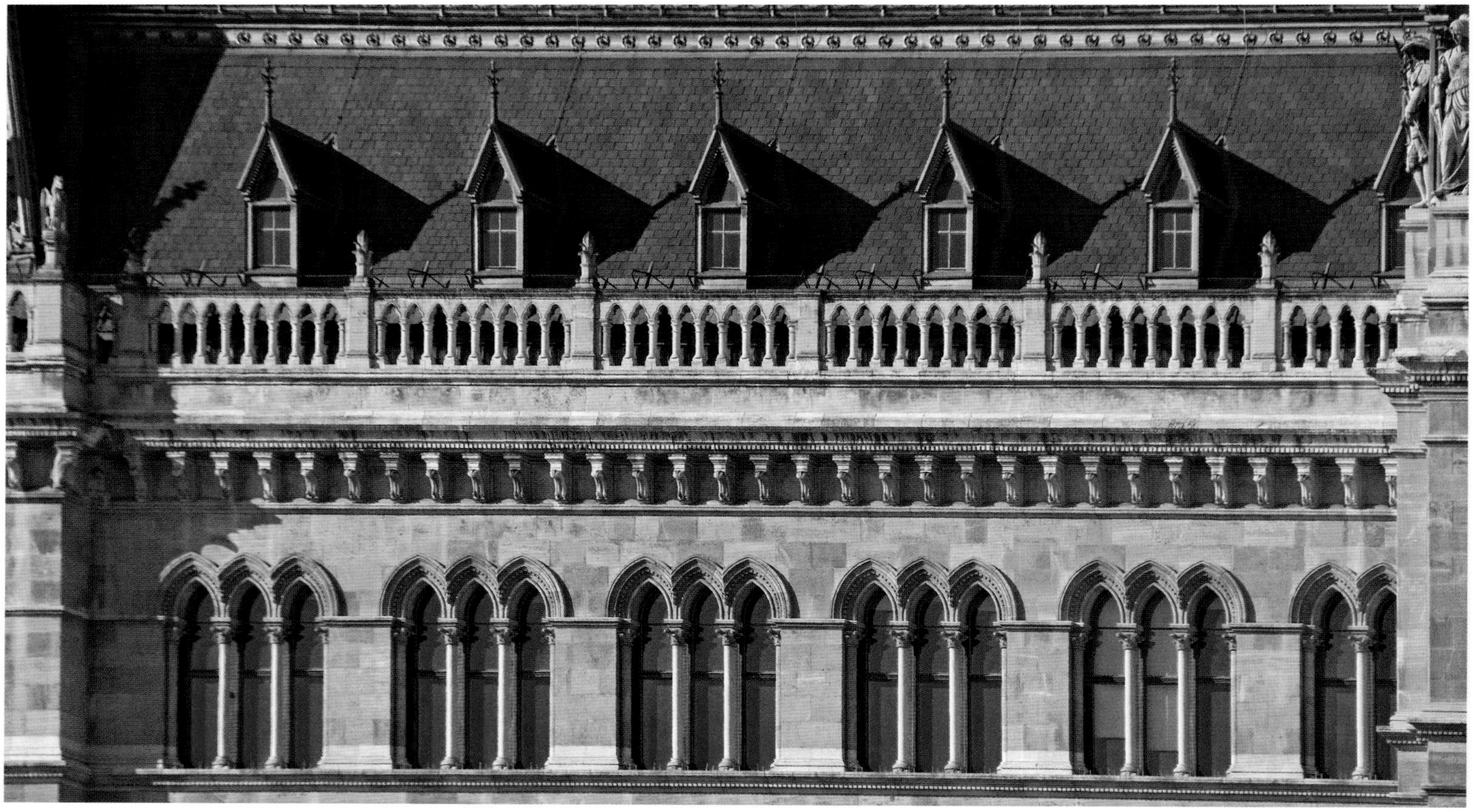

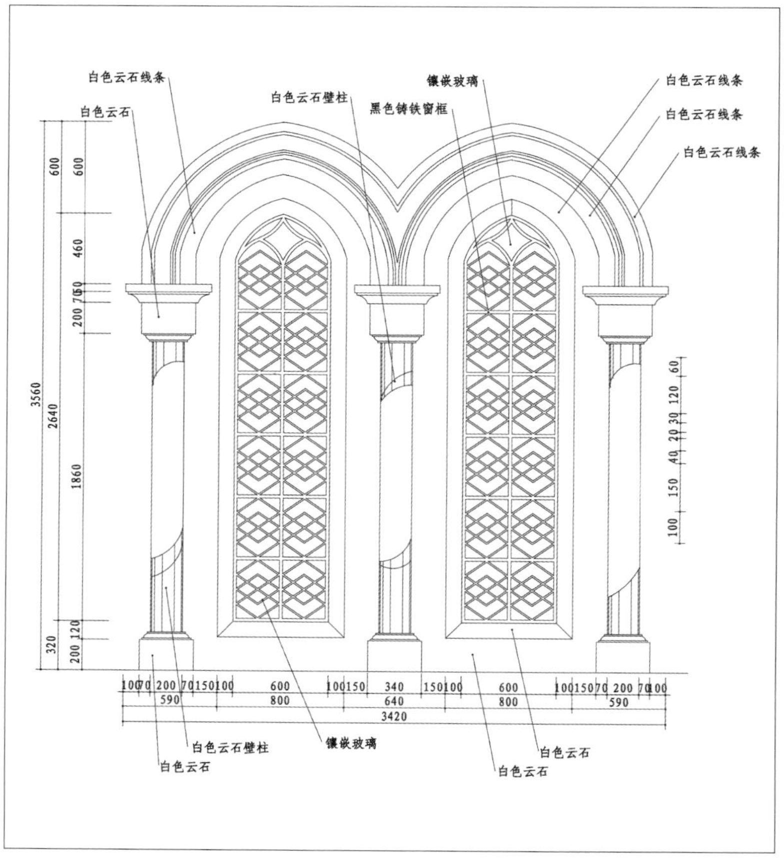

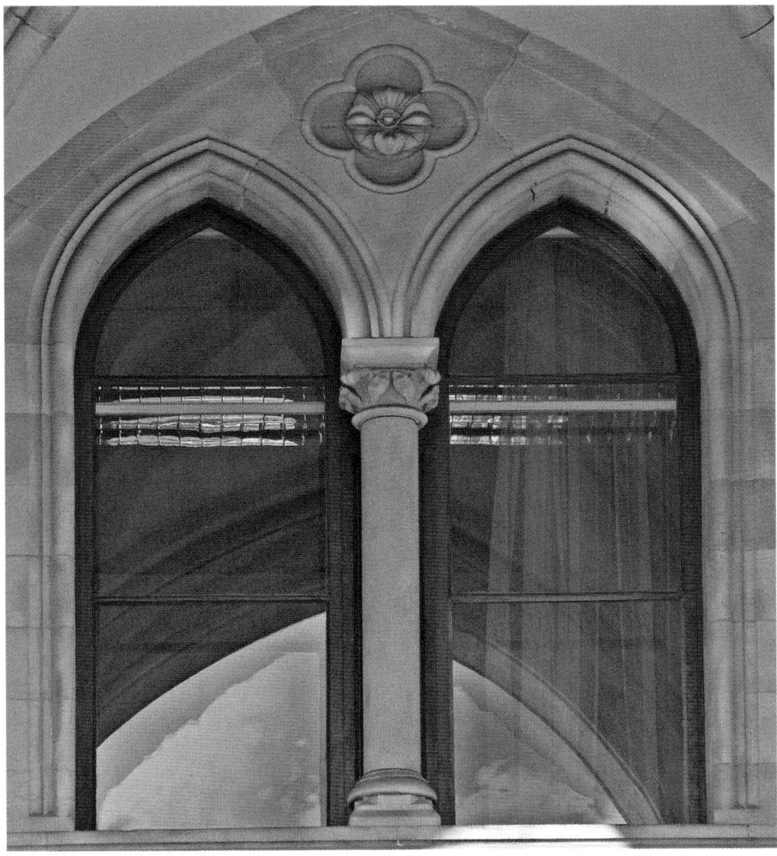

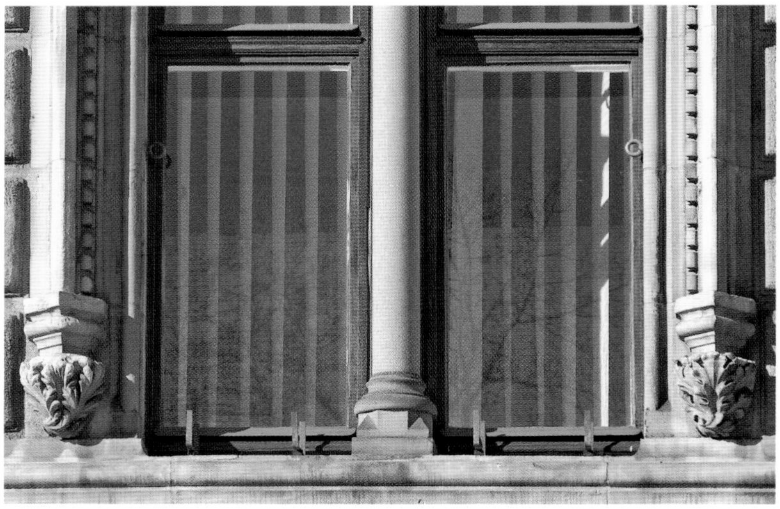

200
30
24
208

门

门：尖拱形

门与窗一样，都是向上的尖券状，顶上是一个重重叠叠的尖顶。相对于哥特式建筑繁复装饰的门来说，浪漫主义建筑的门在造型和装饰上都较简洁，但也少不了精致细腻的装饰雕刻。在材质上，即使是同一扇门，用的材质也不一样，有的上半部分是玻璃材质，配上彩绘，下半部分则是木门，刻上花朵装饰。也有颜色暗沉装饰简单的门，门的立面全是灰黑色，刻上简单的条纹装饰，使建筑显得沉重而神秘。在有些门的上面还有好几个花瓣状的窗洞，既衬托了门，又通风采光。有些仿照哥特式建筑的门的上部，会有一些人物雕像作为装饰。

Franz Schmitz

S. MARIA·DE·PERPETVO·SVCCVRSV

S. MARIA·DE·PERPETVO·S

MDCCLXX

MDCCXXXIX

柱

柱：束柱，方柱

浪漫主义建筑的柱与哥特式建筑类似，采用由许多小圆柱组成的束柱，细柱与上边的券肋气势相连，增强向上的动势。由许多细柱组成的束柱由顶部发出许多券肋，形成更多的空间结构。柱头往往与古希腊、古罗马时期的五种柱式不一样，不再是标准的五种柱式的柱头，细柱的柱头由一片一片向上弯曲的叶子或涡卷组成，整个呈盛开的花朵状。在柱墩或方形壁柱的柱头周围，则是一圈的花朵、涡卷等装饰。柱础也因不同的柱子而有所不同，但基本遵循五种柱式的模样，有的配上简单的装饰使柱子显得不那么单调。

NIKLAS
GRAF SALM.

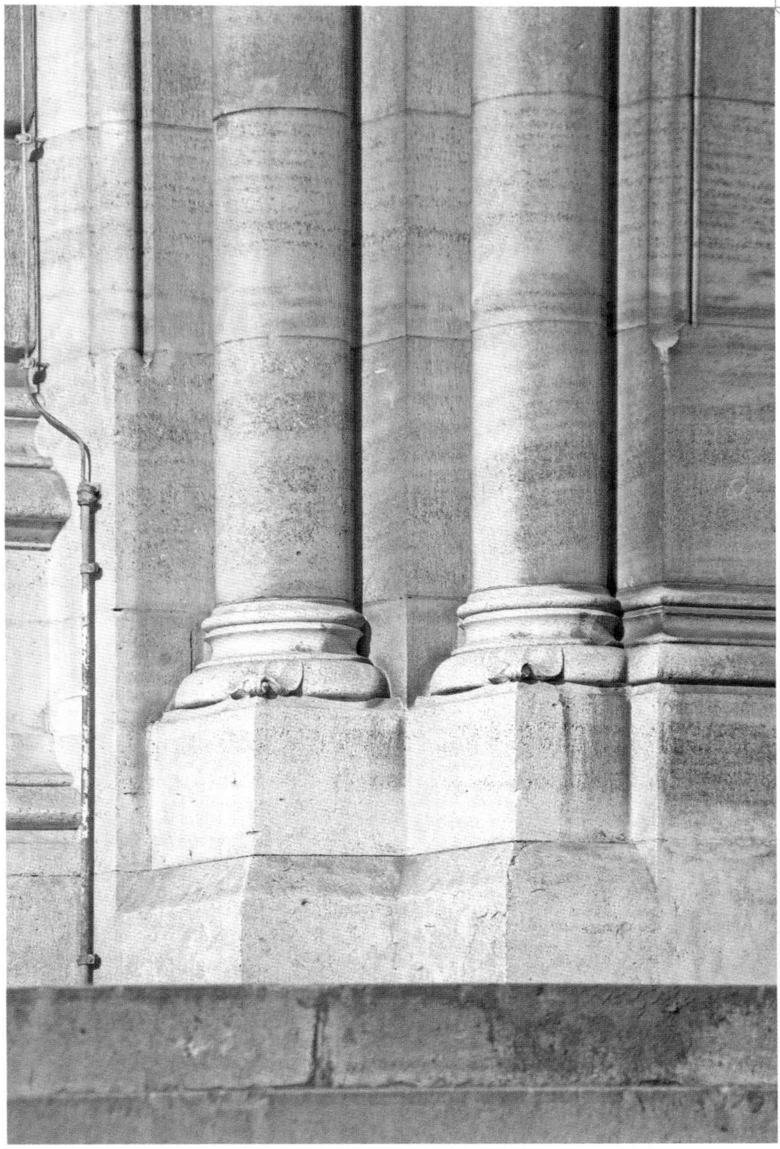

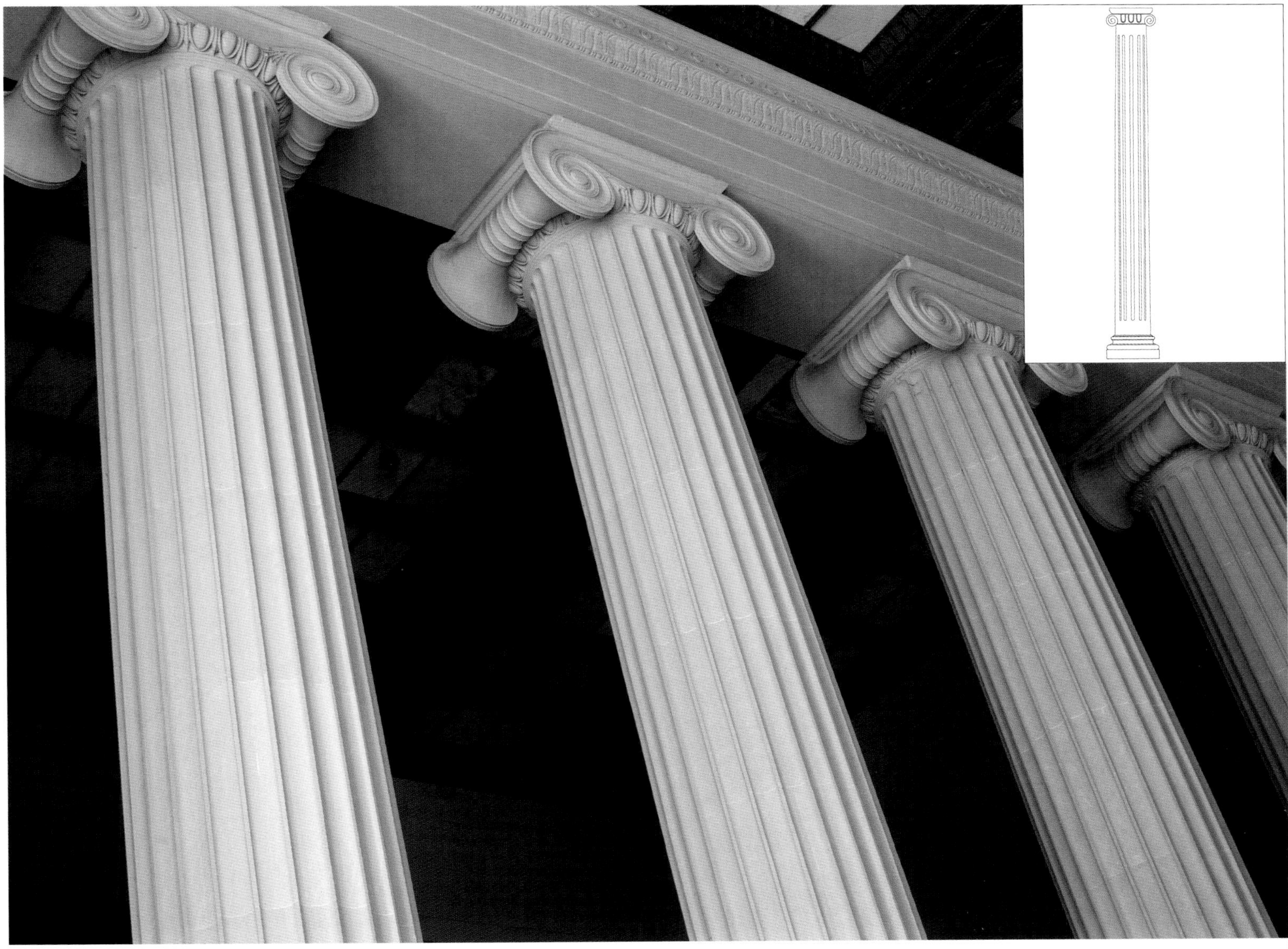

廊

廊：拱廊

使用尖拱，比起半圆拱更实用的地方在于，它在同样的跨度内可以把拱顶造得更高，而其所产生的侧推力会更小，塑造了很强的升腾态势，整个廊也显得高直、挺拔。总体上也是显示哥特风格的特点，强调垂直感，注重高耸、尖峭。立面采用连续的尖券，构图别致，色彩明快。有的廊一边用大圆柱支撑连续的拱券，另一边则在墙面上安装大面的排窗。拱顶装饰着交叉的尖拱券，在交叉处各有花朵装饰，配上明亮的颜色，使整个廊道显得深邃透亮。

拱券

拱券：尖拱，尖券

哥特式建筑以尖拱和尖券为标志，浪漫主义建筑不管在外部还是在室内，到处都是尖拱和尖券状。浪漫主义建筑中尖峭的形式，是尖券、尖拱技术的结晶。尖券巧妙地解决了各拱间的肋架拱顶结构问题，又起到装饰作用。有的尖券尖拱上面又有一排尖券，在交叉处以立柱支撑。有的尖券不只是单层，而是多个尖券层层叠叠，再布满花纹装饰，下面以束柱支撑。尖券显得建筑物挺拔有力，与高高竖起的哥特式小尖塔相互呼应，引人怀古思幽。

Bank Austria
Member of UniCredit
e
WIEN ENERGIE
r
WIEN ENERGIE

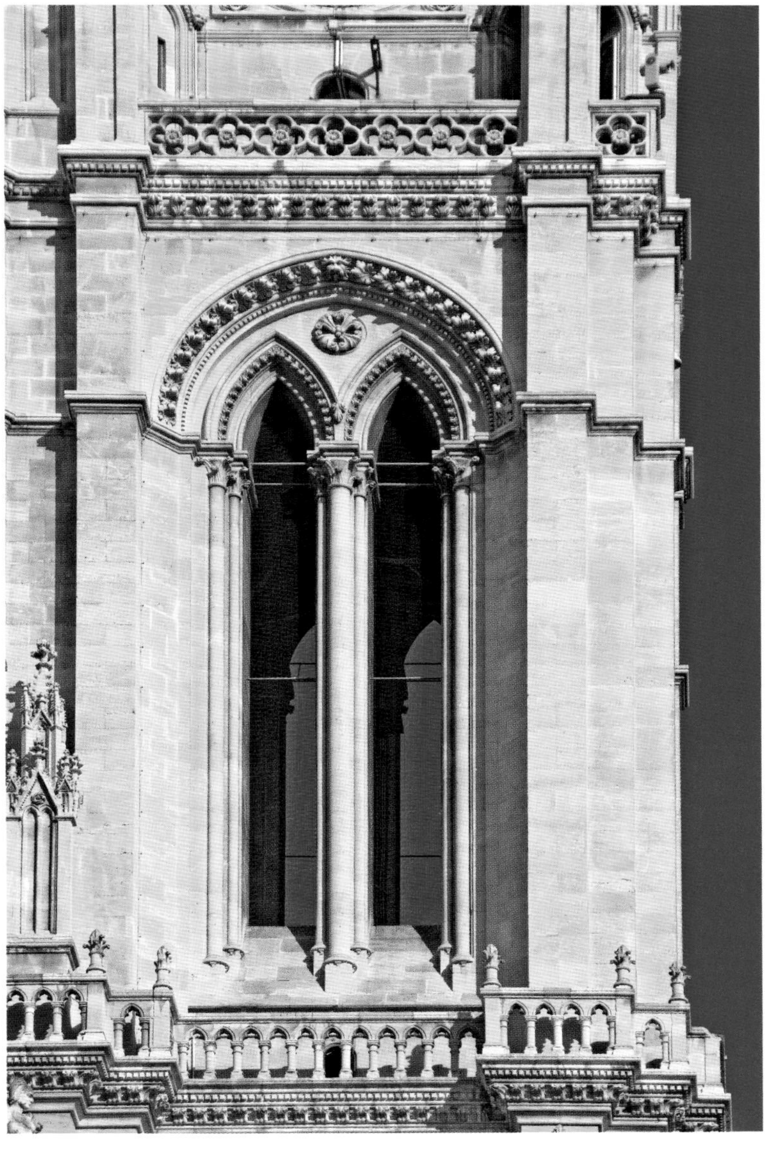

München:
Ansichtssache?

München:
Ansichtssache?
Stadtgestalt sehen, erkennen, verstehen

München Information
1884
BERNSTEIN
LADEN
HOUSE of AMBER
RATHAUS
APOTHEKE
PHARMACIE

装饰构件

装饰构件：尖塔，钟塔，雕刻

浪漫主义在建筑领域内的主要表现就是哥特式建筑的复兴，哥特式风格那种高耸入云的尖塔与钟塔形式成为唤起想象力与神秘感的适当背景。在外墙和室内往往还有精美的雕刻。与哥特式建筑一样，装饰存在于浪漫主义建筑的每一处。外部立面是装饰的不可缺少之处，除了无处不在的尖拱尖券装饰外，在外墙、门、窗户上还雕刻大量的人物、动物、花朵等装饰，小尖塔也成为外墙装饰的一部分。除此之外，还有用尖券和柱子组成的栏杆装饰，也有铁艺栏杆，有成环形的，也有成直线形的。每一处细节无不凝聚着建造者的智慧和汗水。

浪漫主义建筑除仿哥特式建筑外，还吸收土耳其、埃及、中国等国家的建筑艺术，但又对东方建筑艺术一知半解，这种脱离现实的幻想更加浪漫。

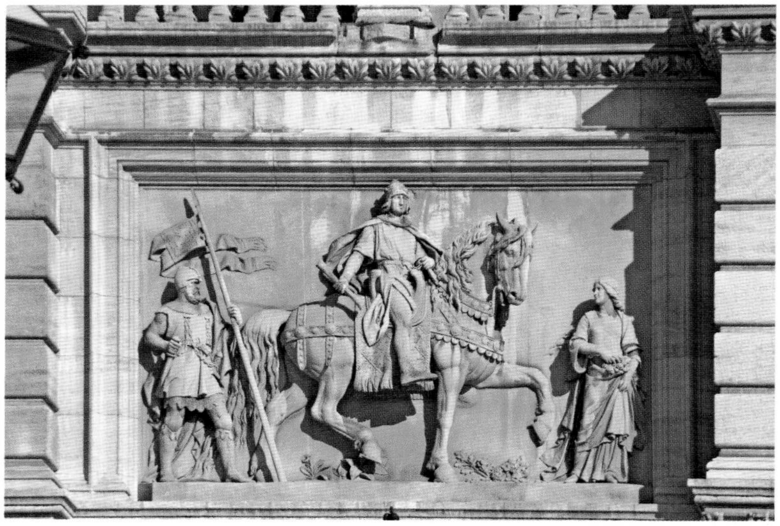

06.03.2017

on

室内空间

室内空间：开阔、明亮

浪漫主义建筑要求个性自由，提倡自然天性，其外观宏伟，室内空间也十分宽广。外面的光线通过高大的窗户透进来，使整个空间显得开阔明亮。由于采用尖券结构，内部空间变得宽敞和通透，结构也显得灵巧轻盈。圆的穹顶起伏而有节奏，给人以强烈的空间感受，每变换一个角度，空间感受又不一样，可谓步移景异。室内装饰也是金碧辉煌，豪华绚丽。有的墙壁上布满雕像和花草装饰，有的则是各种彩绘。在拱顶是复杂的肋拱装饰，并绘上花草或其他雕刻装饰，仿佛置身梦境。

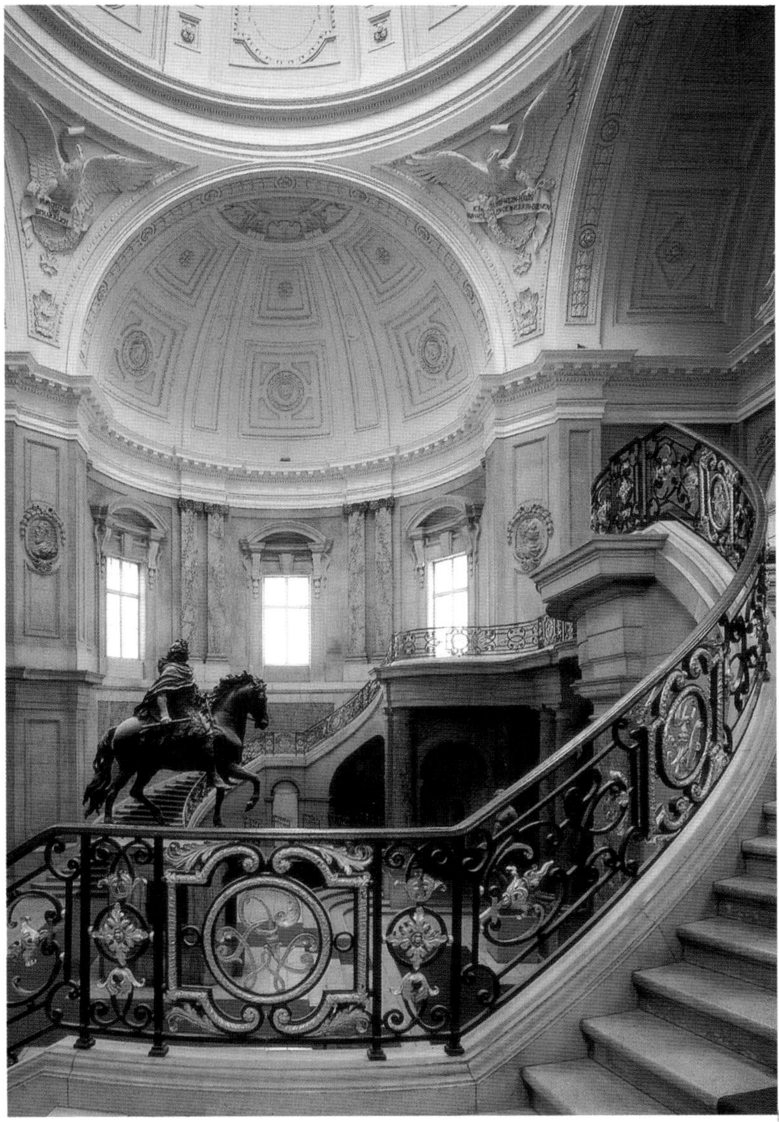

折衷主义建筑

随着社会的发展，需要有丰富多样的建筑来满足各种不同的要求。在19世纪，交通的便利，考古学的进展，出版事业的发达，加上摄影技术的发明，都有助于人们认识和掌握以往各个时代和各个地区的建筑遗产。于是出现了希腊、罗马、拜占庭、中世纪、文艺复兴和东方情调的建筑在许多城市中纷然杂陈的局面。折衷主义建筑应运而生。

折衷主义建筑没有固定的风格，讲究比例权衡及纯形式的美，因此影响深刻，持续时间长。巴黎歌剧院是折衷主义的代表作，是法兰西第二帝国的重要纪念物。剧院立面仿意大利晚期巴洛克建筑风格，并掺进了烦琐的雕饰，其艺术形式在欧洲各国有极大影响。

折衷主义建筑在19世纪中叶以法国最为典型，巴黎高等艺术学院是当时传播折衷主义艺术和建筑的中心。而在19世纪末和20世纪初期，则以美国最为突出。总的来说，折衷主义建筑思潮依然是保守的，没有按照当时不断出现的新建筑材料和新建筑技术去创造与之相适应的新建筑形式。

折衷主义建筑的代表作有：巴黎歌剧院、罗马的伊曼纽尔二世纪念建筑、巴黎的圣心教堂。

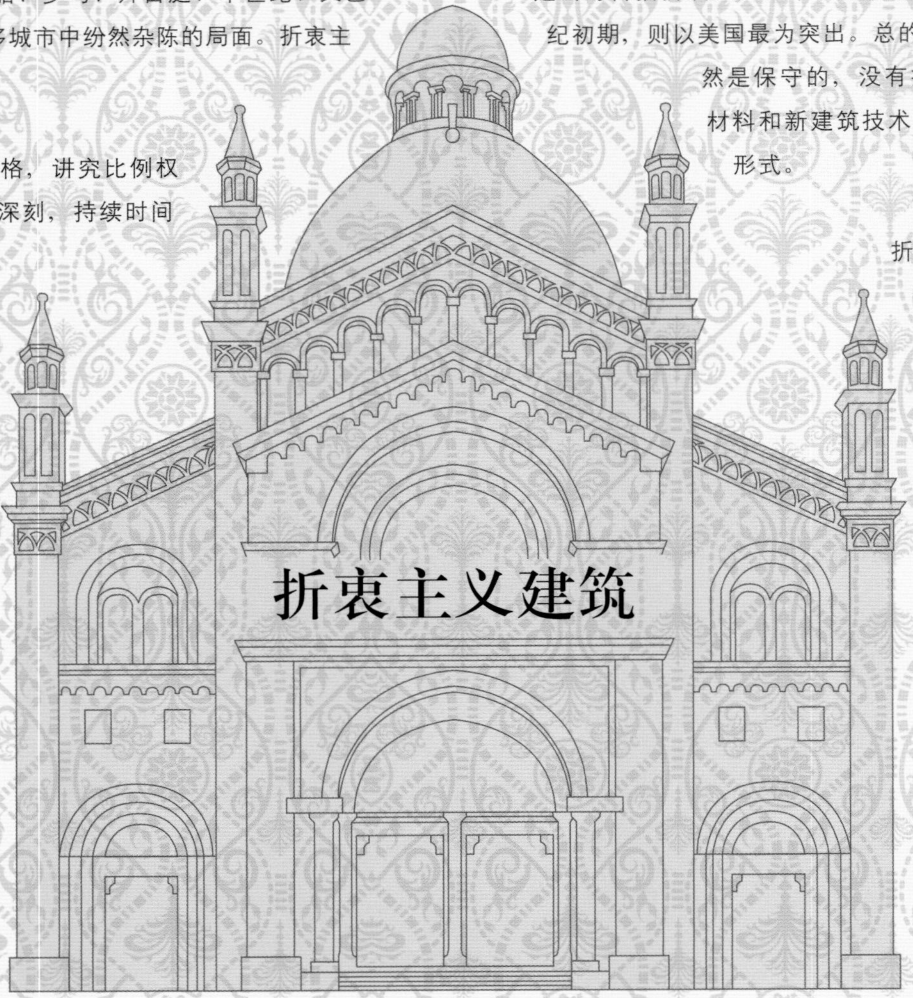

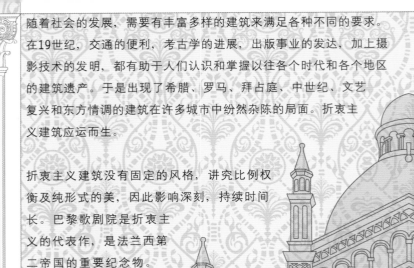

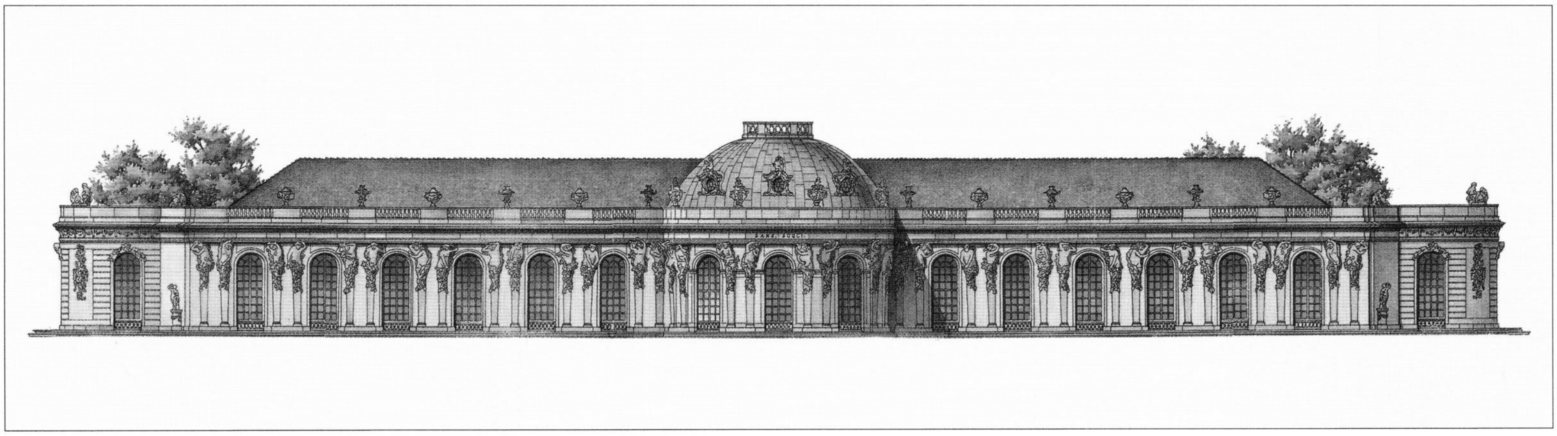

CHOREGRAPHIE
ACADEMIE NATIONALE DE MUSIQUE
POESIE LYRIQUE
RALPH LAUREN

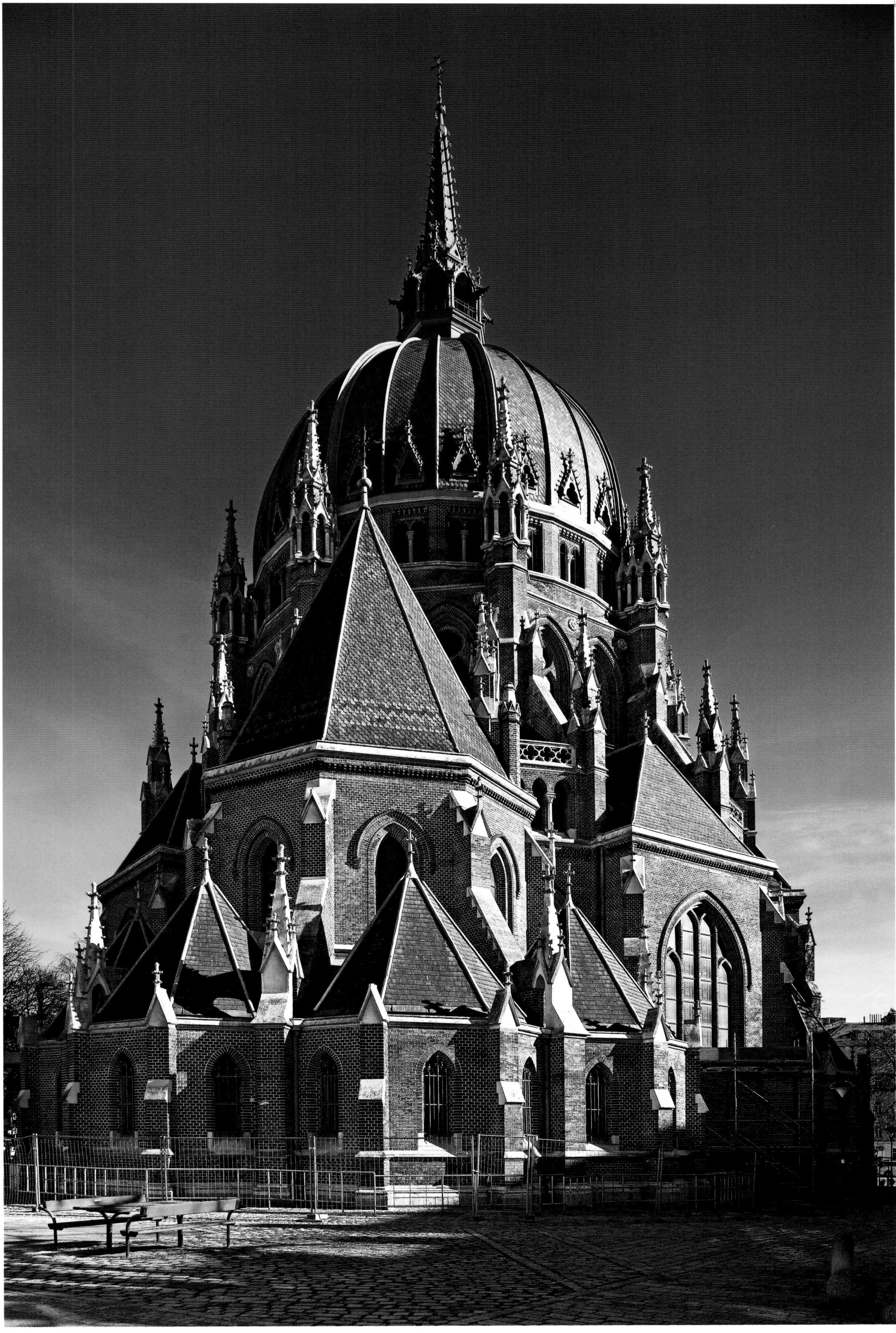

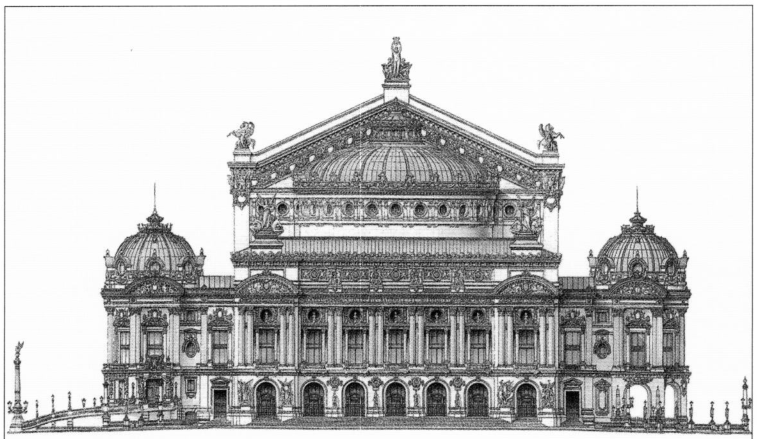

Grandpalais.
Saison 2010/2011

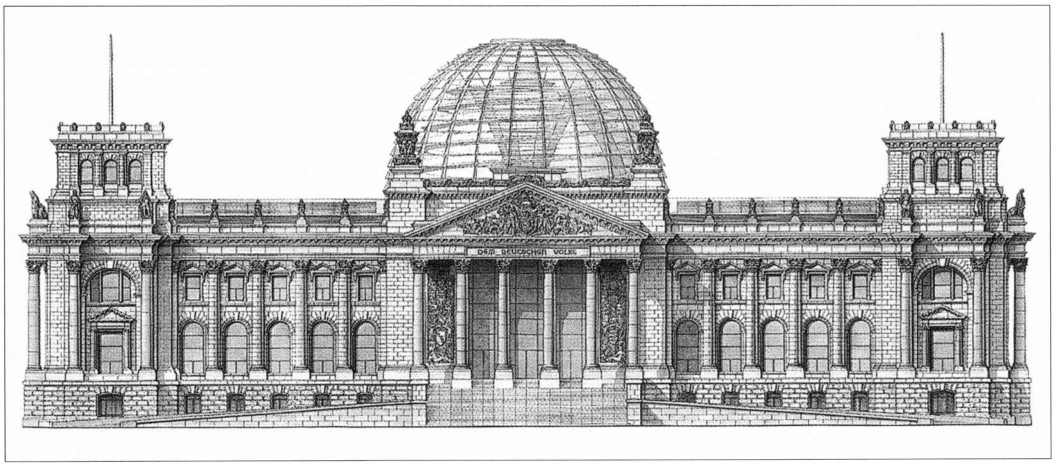

DE J. BOUVARD
CH. GIRAULT
LE GRAND PALAIS
DES BEAUX-ARTS
HENRI DEGLANE
ALBERT THOMAS
ALBERT LOUVET

Jägerhaus

Jägerhaus

屋顶

屋顶：穹隆顶，三角屋顶

折衷主义建筑不受风格的束缚，自由组合各种建筑式样，或拼凑不同风格的装饰纹样。往往在一座建筑中把古希腊的山花、古罗马的柱式、拜占庭的穹隆等综合在一起。其装饰较简单，有的是三角形屋顶，高而陡，有时也有山墙。在有些大穹顶旁边还会有几个小圆顶，更加衬托了建筑的恢弘气势。折衷主义民居建筑相比于教堂建筑，更具个性化，屋顶也如此，更多的是考虑居民自己的需要，屋顶上的装饰也是风格不一，有彩绘、动物雕刻等，也有拱券装饰。

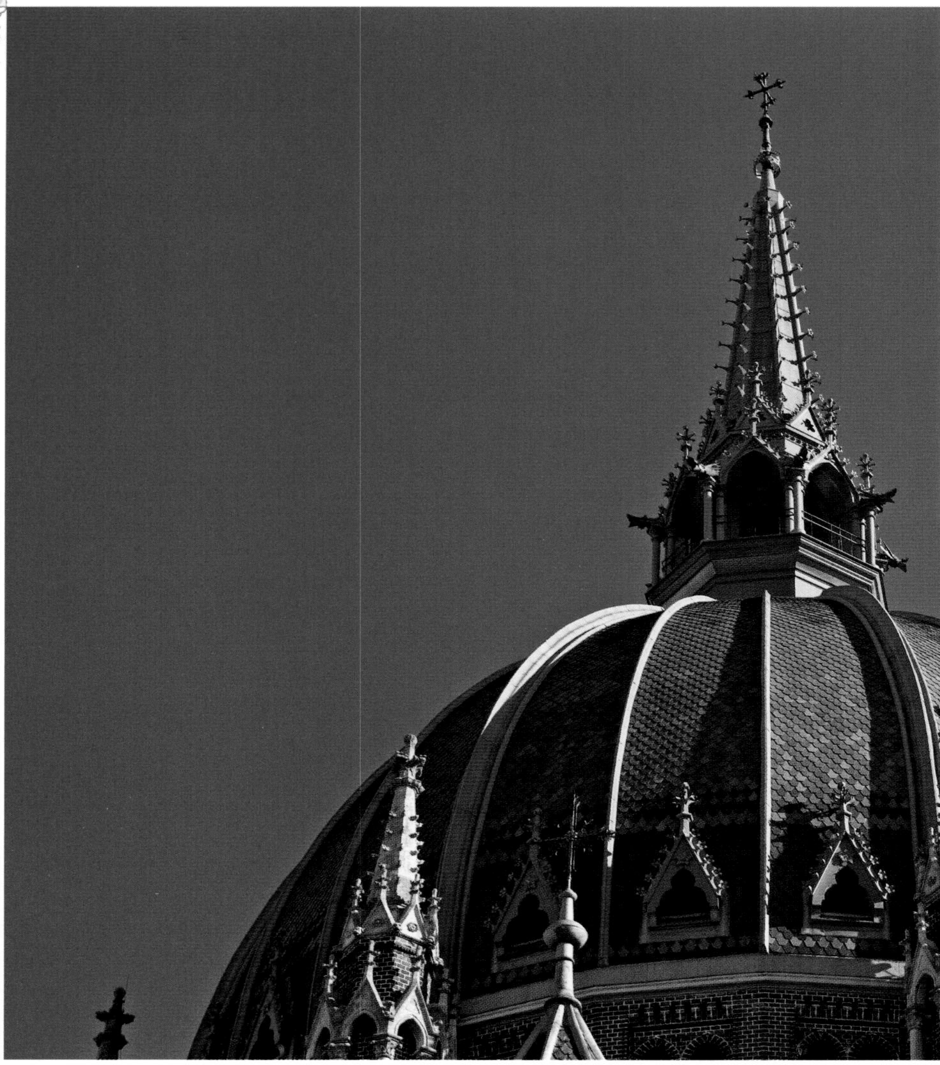

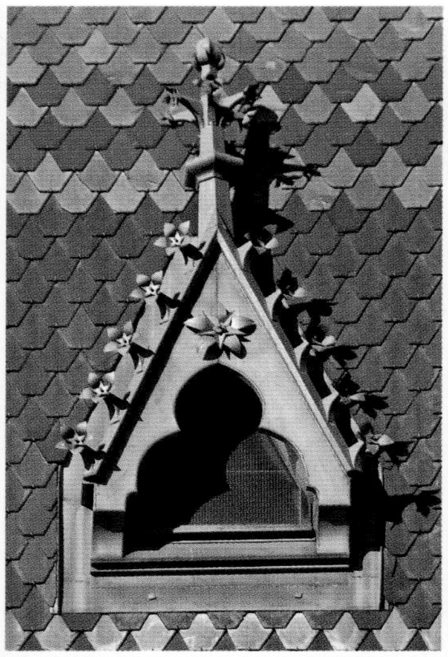

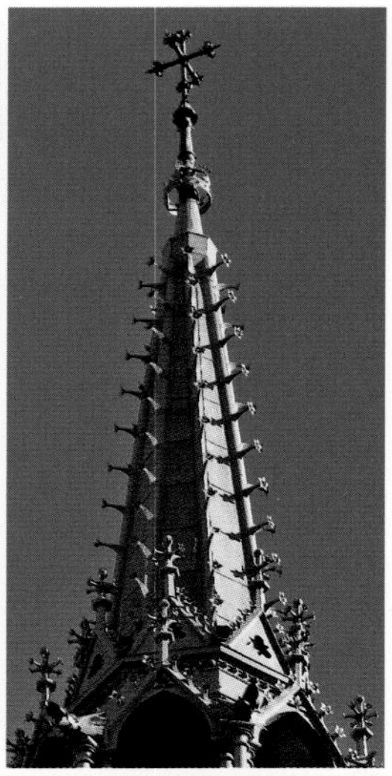

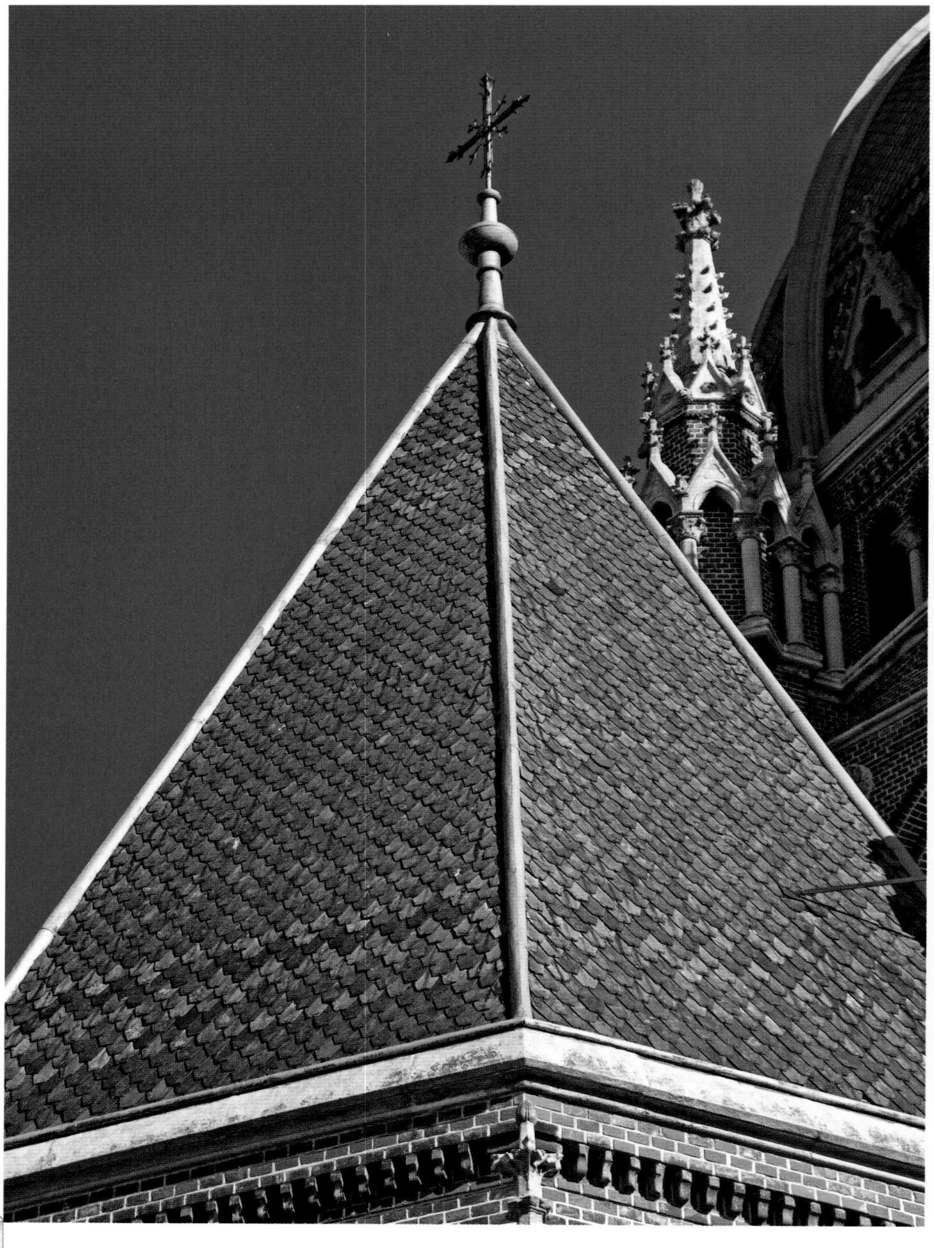

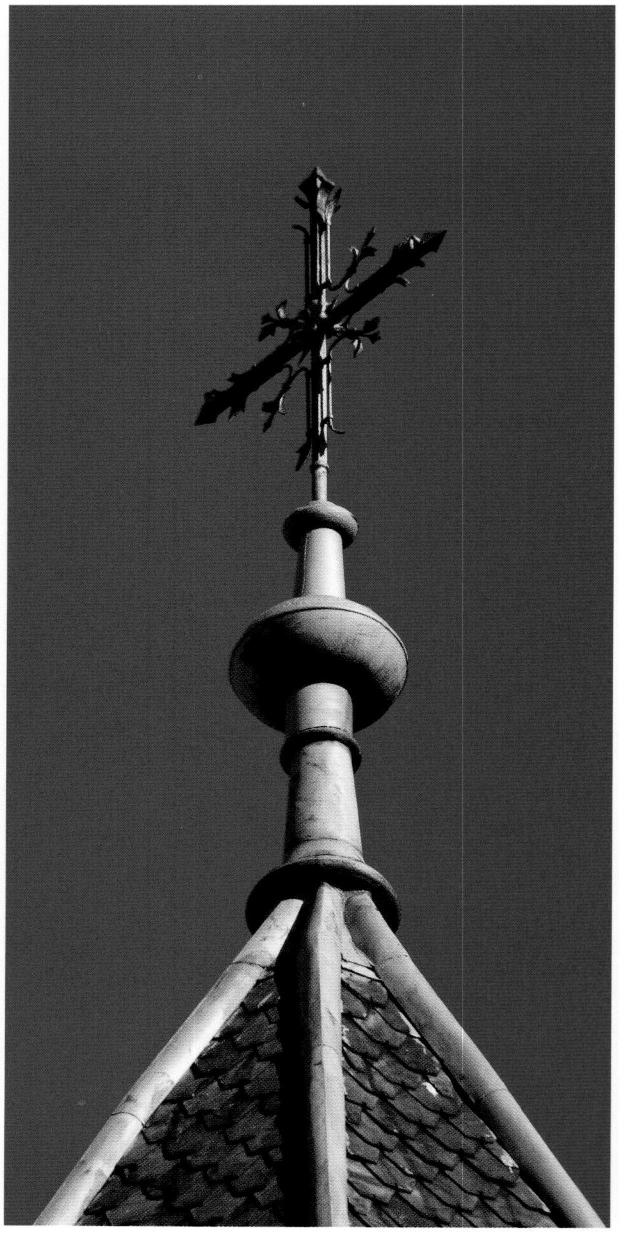

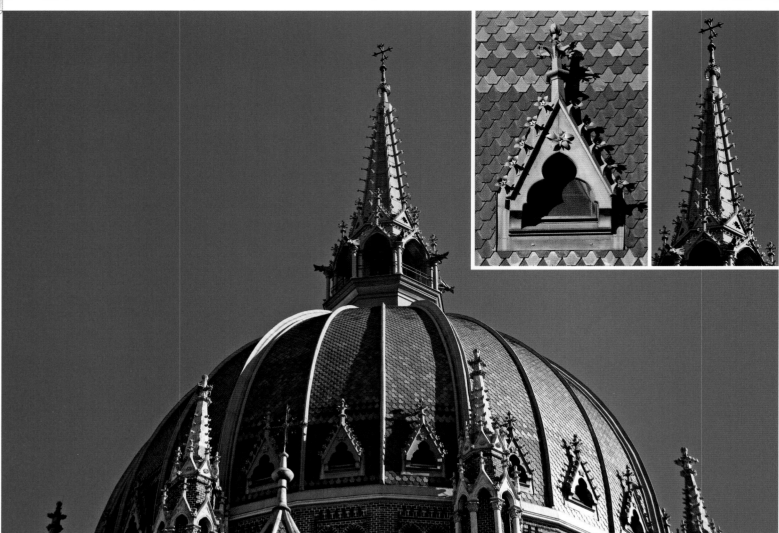

18 25

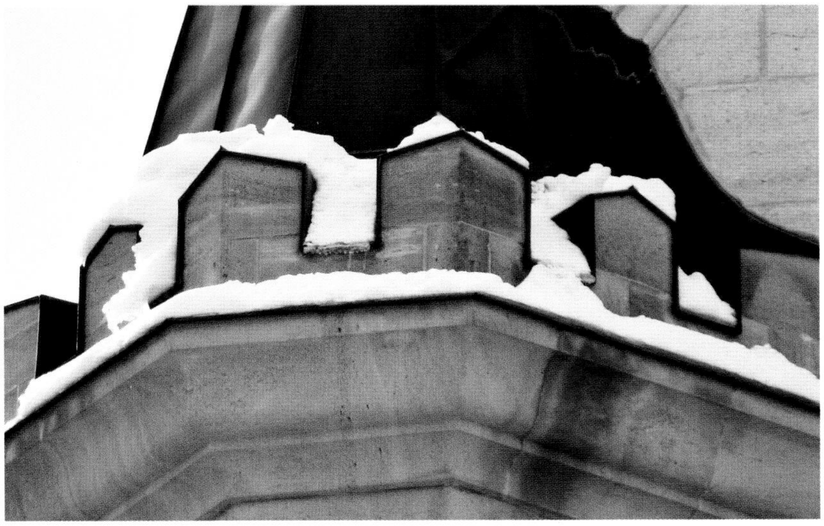

REX

DEM DEUTSCHEN VOLKE

SUN DECK GRILL

ZVR • NEVEN • BVRG

NEVEN

Jägerhaus

墙

墙：厚实，大理石墙，砖墙

折衷主义的墙有砖墙，也有大理石墙，颜色各异，有些建筑厚实的墙身呈现拜占庭建筑的风格。城堡建筑一般有高大的围墙。在颜色上，也不再统一，有低调古典的灰色，也有明亮的彩色，即使是同一个建筑，外墙的颜色也不一定统一，有些会各种颜色互相穿插。大部分墙都有简单的线条装饰，有些还留有砍凿的痕迹，更显粗犷，有些则立面光滑，十分细腻。屋檐下的墙上一般会有连续的拱券或小方块装饰，在墙脚处也会有简单的线脚，有的在靠近门或窗户边上有涡卷装饰。

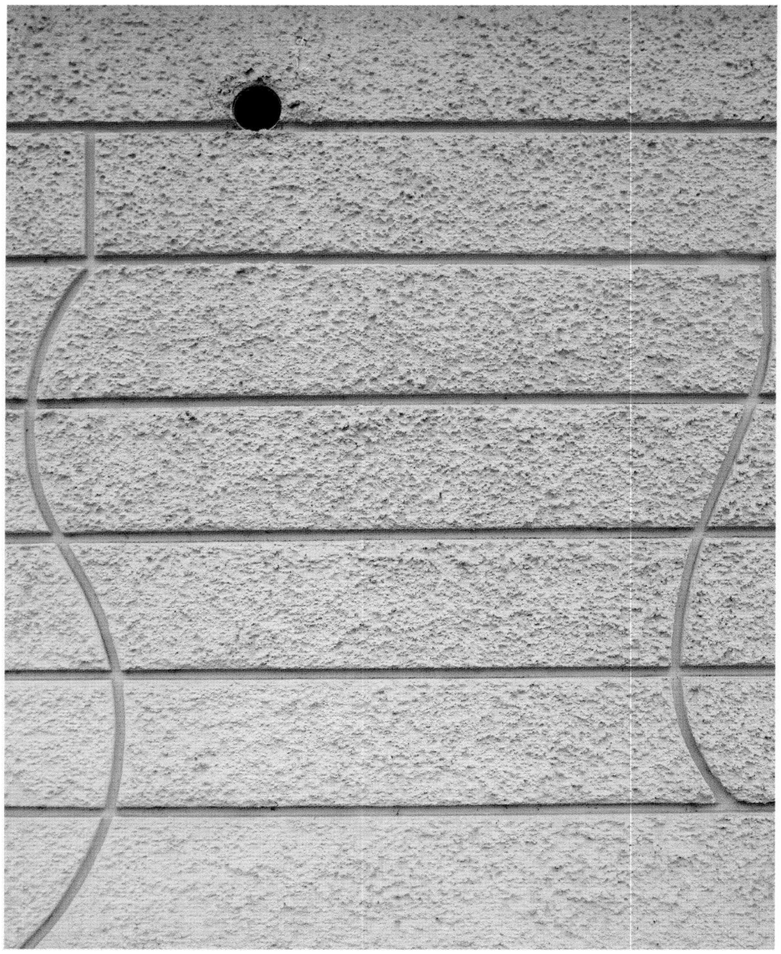

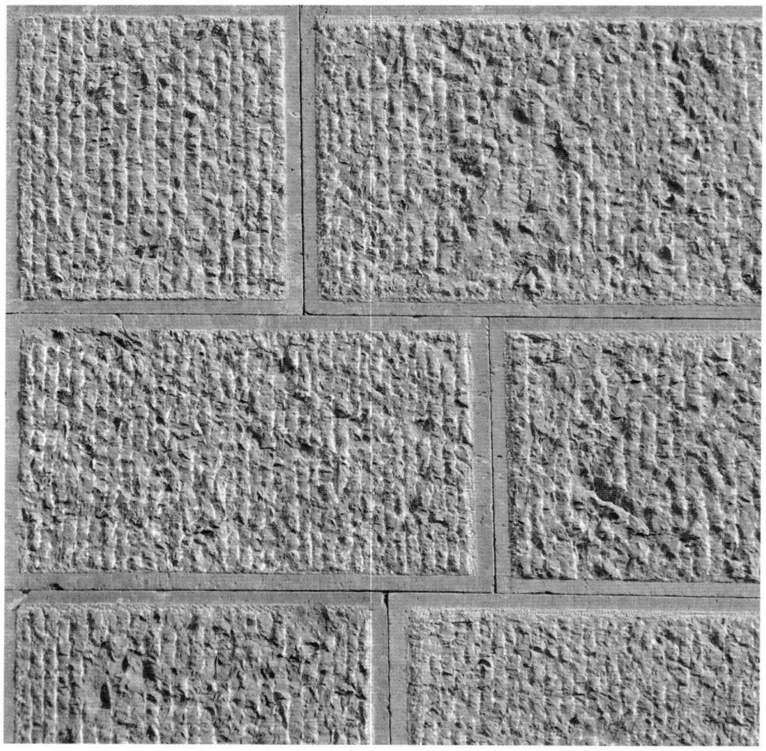

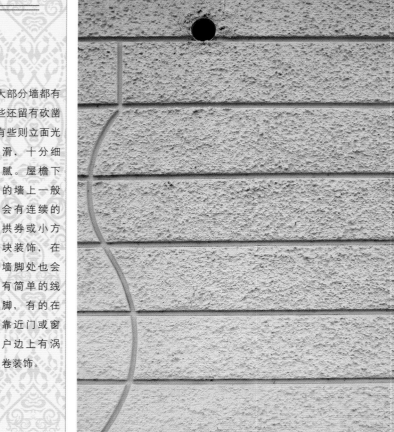

st anna apotheke 1828

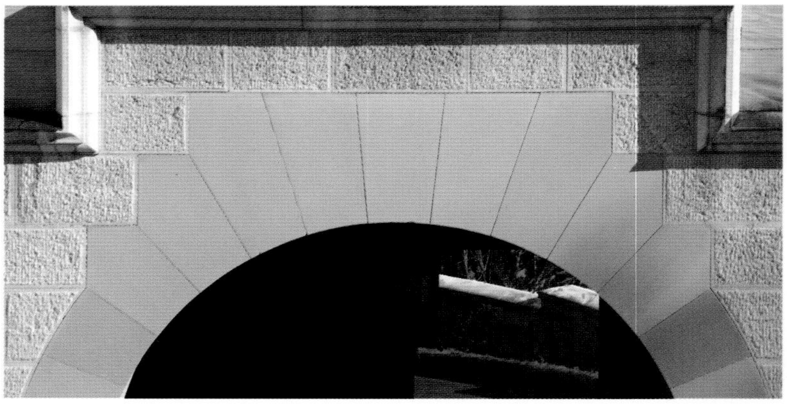

窗

窗：拱券窗，矩形窗

折衷主义建筑的窗造型各异，总体上分为圆拱形和矩形窗户，有的两个或三个为一组。周边的装饰风格也各不相同，有繁有简，有的顶上配以人物或动植物装饰，有的窗楣等处加以流畅弯曲的巴洛克线条。折衷主义建筑的窗户风格各异，融合了古典时期的各种风格，装饰繁杂、色彩亮丽。也有古朴典雅、注重对称的风格，并且与建筑本身的功用密切相关。教堂建筑则以庄重为主，民居建筑活泼花哨，依据个人喜爱融合各种装饰色彩。

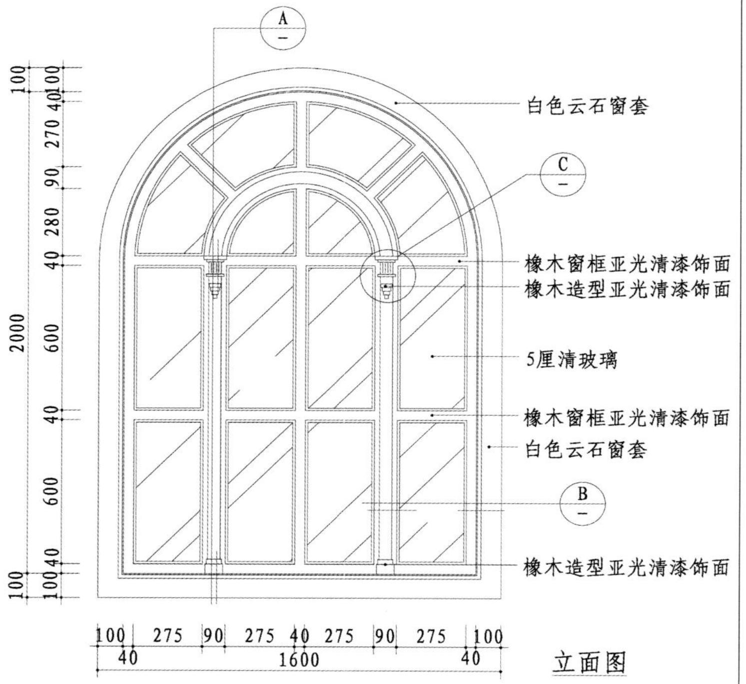

立面图

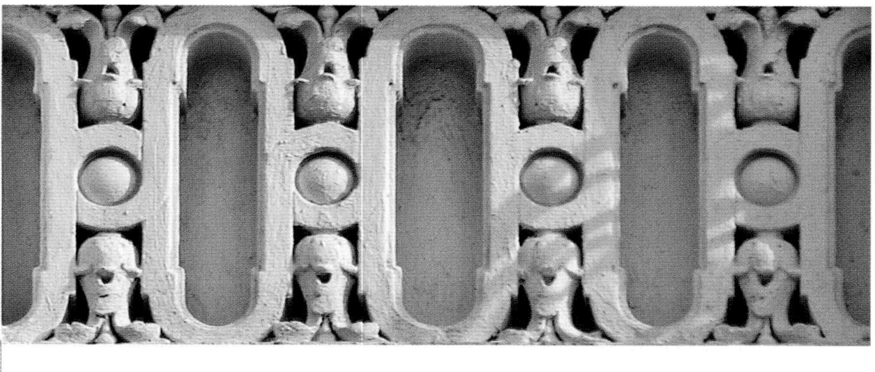

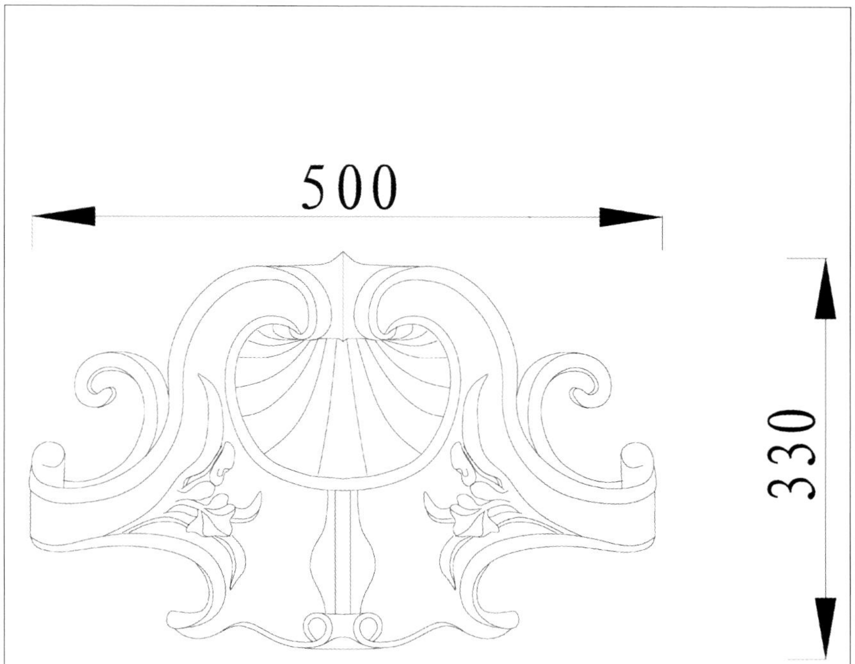
500
330

CH. AMBERGER

CH. AMBERGER

XII
I
V
VI

XII
I
V
VI
VII

Schloßwirtschaft

BVRG

门

门：圆拱形

折衷主义建筑的门以圆拱形为主，有木门、铁门、铁艺门等。门上的装饰也各不相同，有人物装饰的、有花纹装饰的，有简单的，有复杂的。有的门前有多层石阶。木门上的装饰少，较简洁，主要是简单的条纹装饰。在门的顶上还会有尖券或圆券，上面布满花纹、人物、动物雕刻，有的木门还搭配玻璃或铁艺。铁门上的装饰繁复多样，不管是周边还是门上面，都是人物雕像、花纹、涡卷等装饰。铁艺门风格典雅，有做成镂空状配上花朵装饰的，也有圆圈、波浪等装饰的。有的铁艺门是圆拱形，有的是矩形，上面还会有三角形山墙或涡卷装饰。

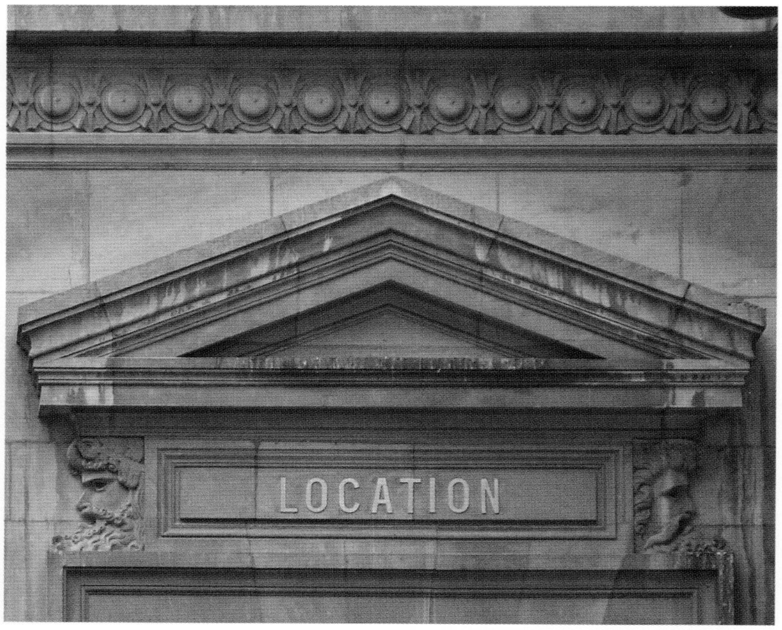

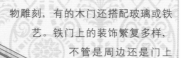

Friedrich-Ebert-Platz 2
BMZ
Deutsche Parlamentarische Gesellschaft

Treni
Trains

BIGLIETTERIA
OVEST

J

J

J

SACRATISSIMO CORDI JESU

SACRATISSIMO CORDI JESU

PREFECTURE DE POLICE

ORIENT-
TEPPICHE
S.P. ISSAKIDES
IMPORT EXPORT

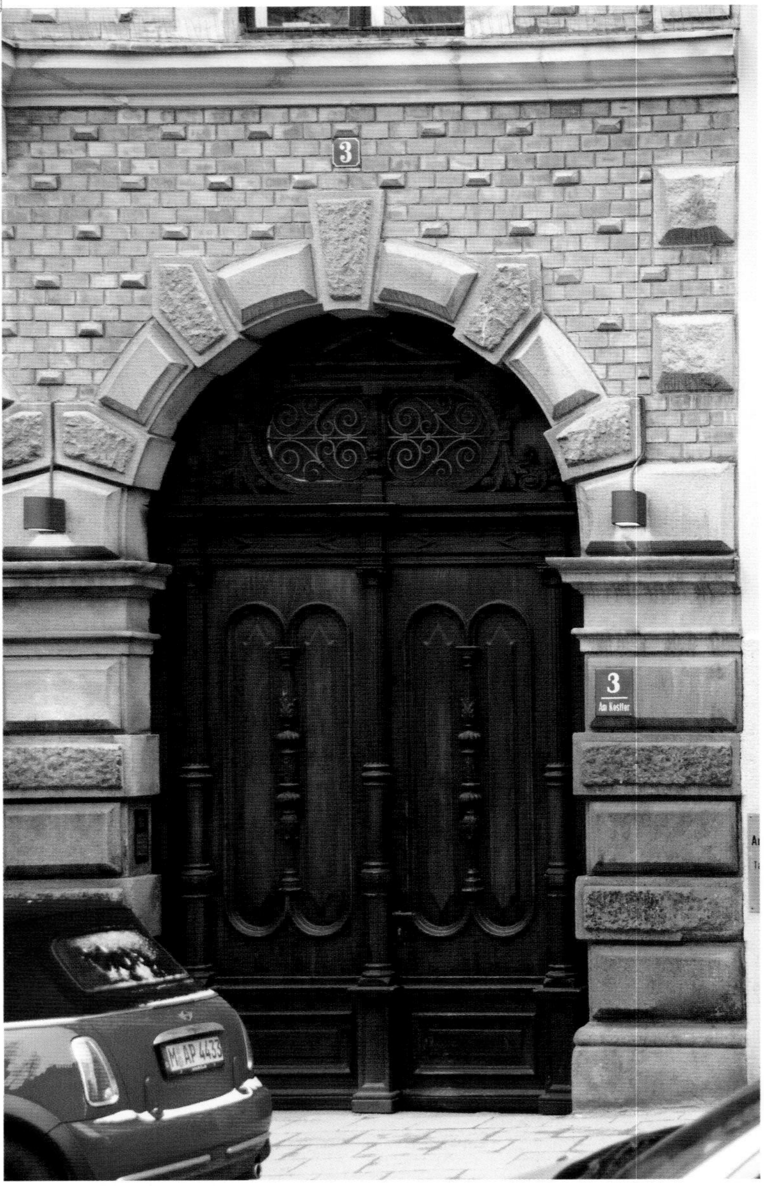

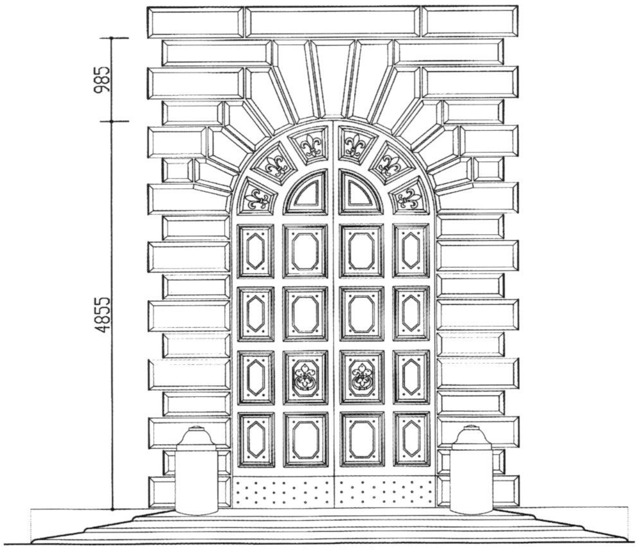

大门立面

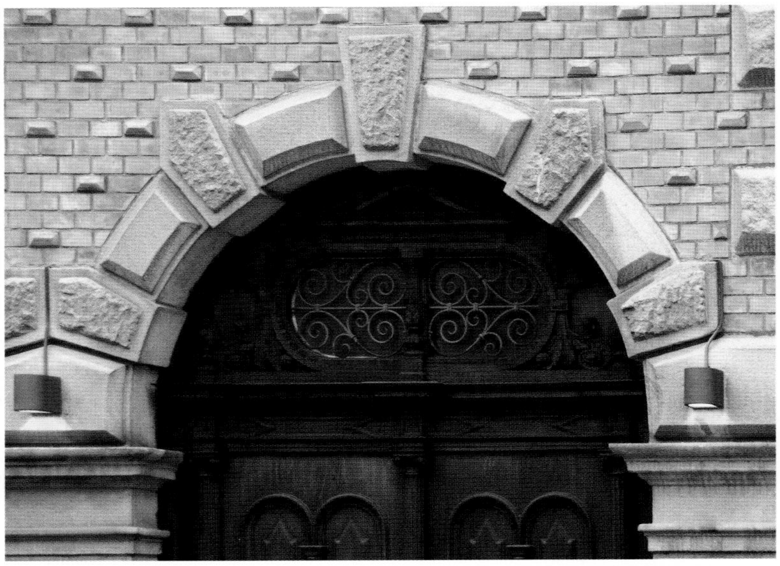

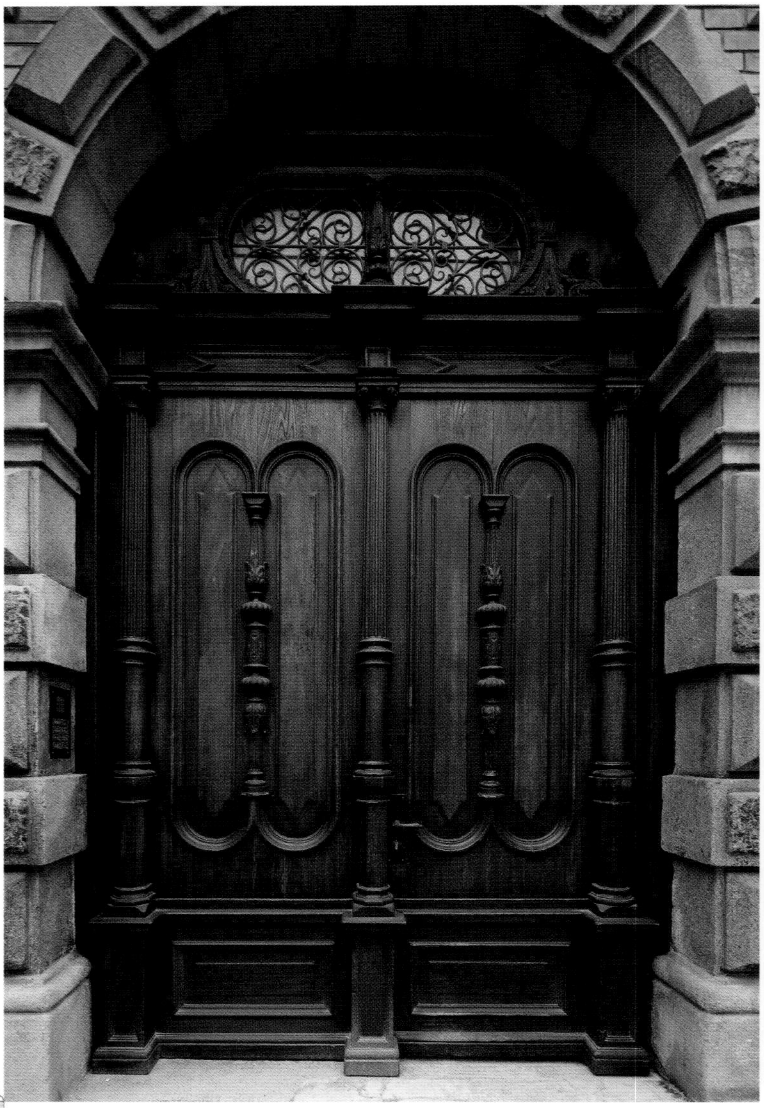

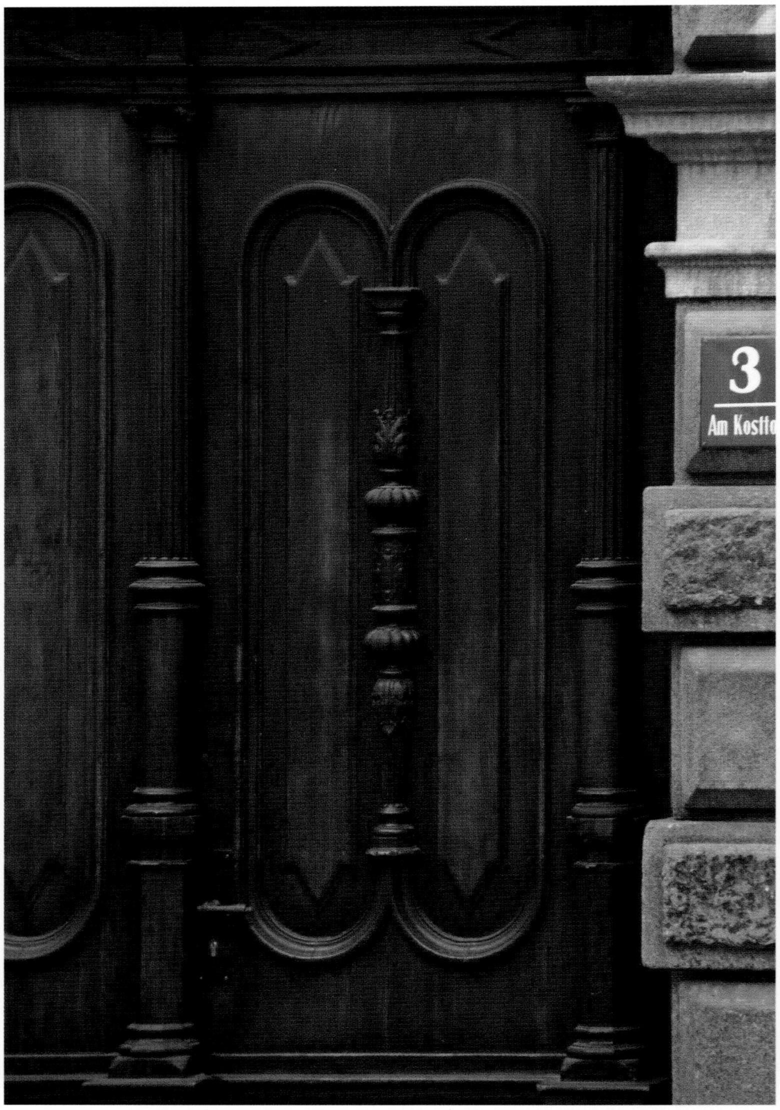

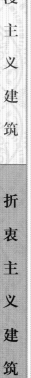

GANY
MED
BOAR
DING
kunst
historisches
museum
JAHRESKARTE
€29,-
Schenke Inspiration.
BORIS ORLOW

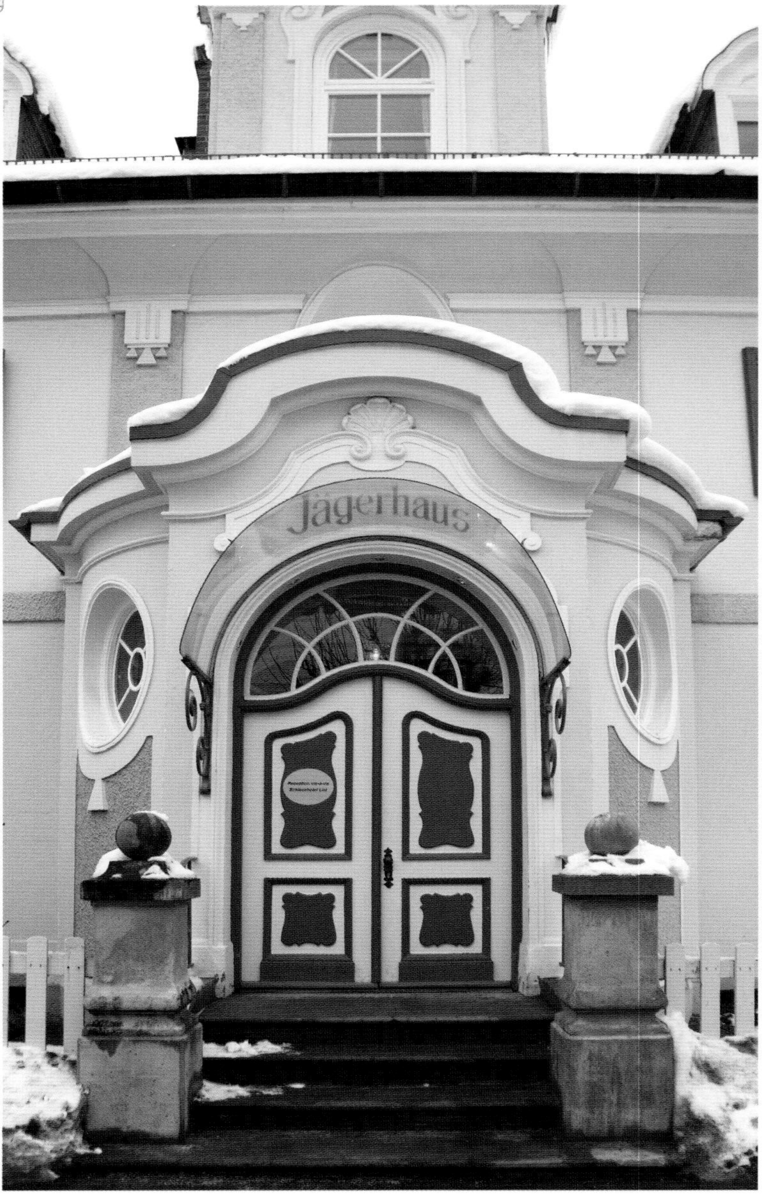

P5×H50×W92

Jagerhaus

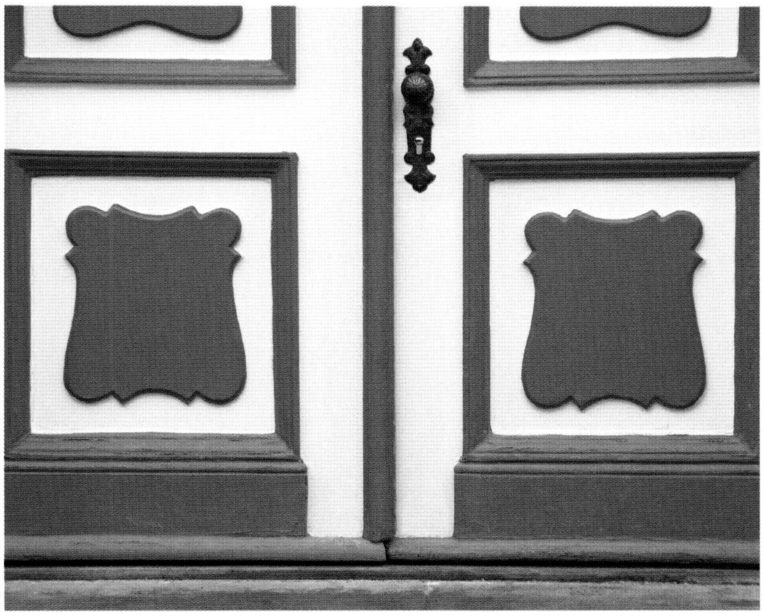

Reception vis-à-vis
Schlosshotel Lisl

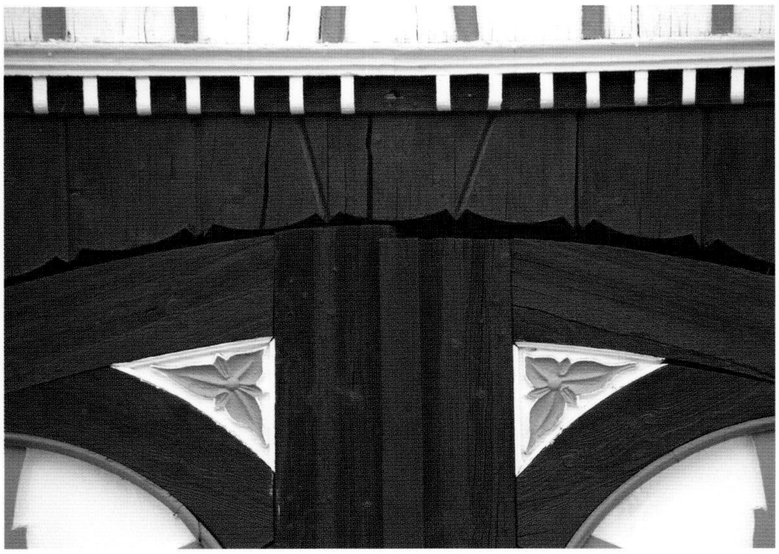

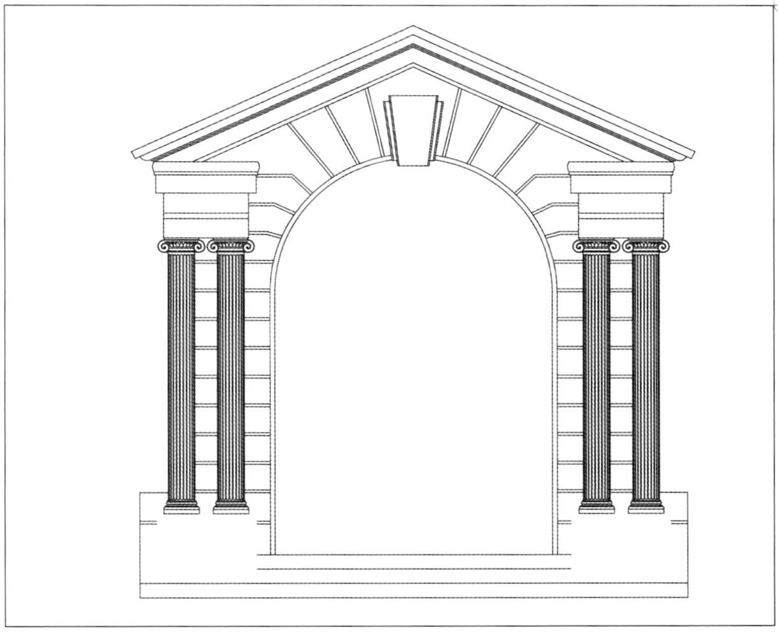

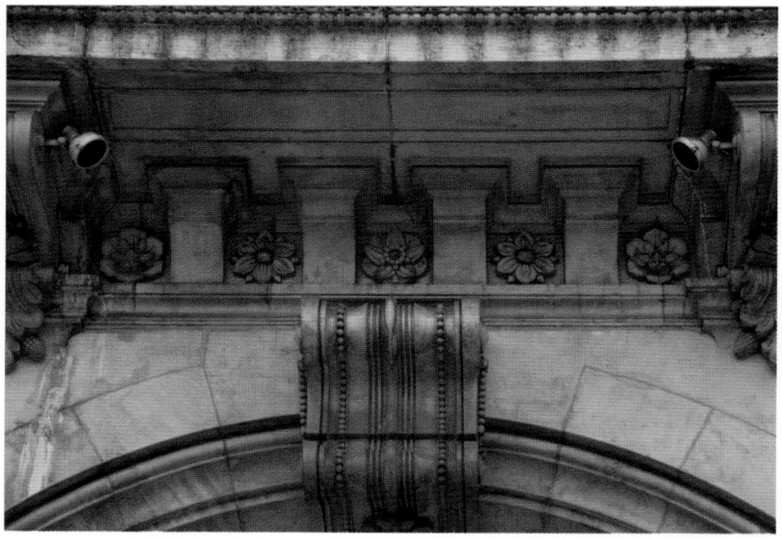

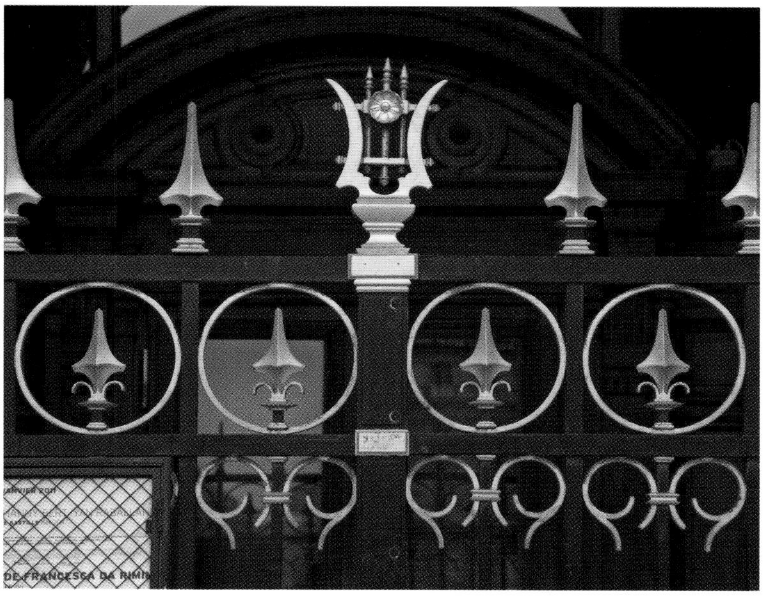

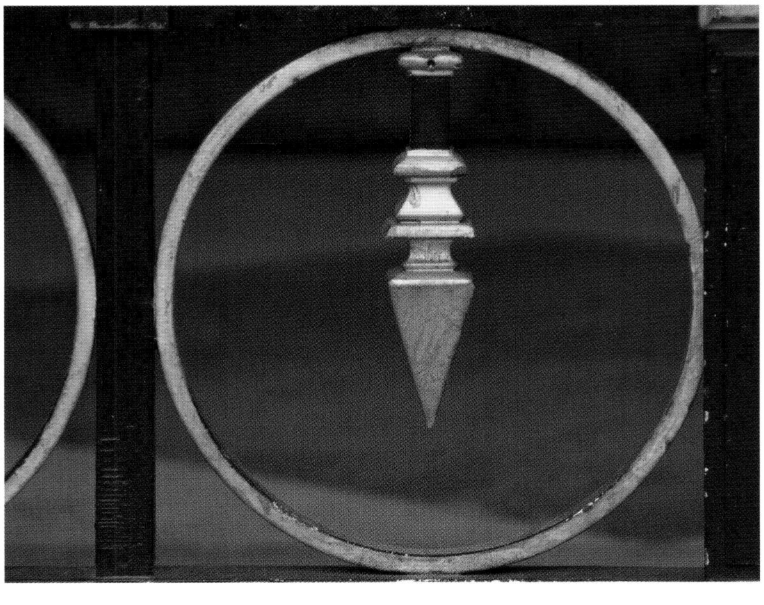

180 PHOTOS
de Pierre
& Alexandra

420

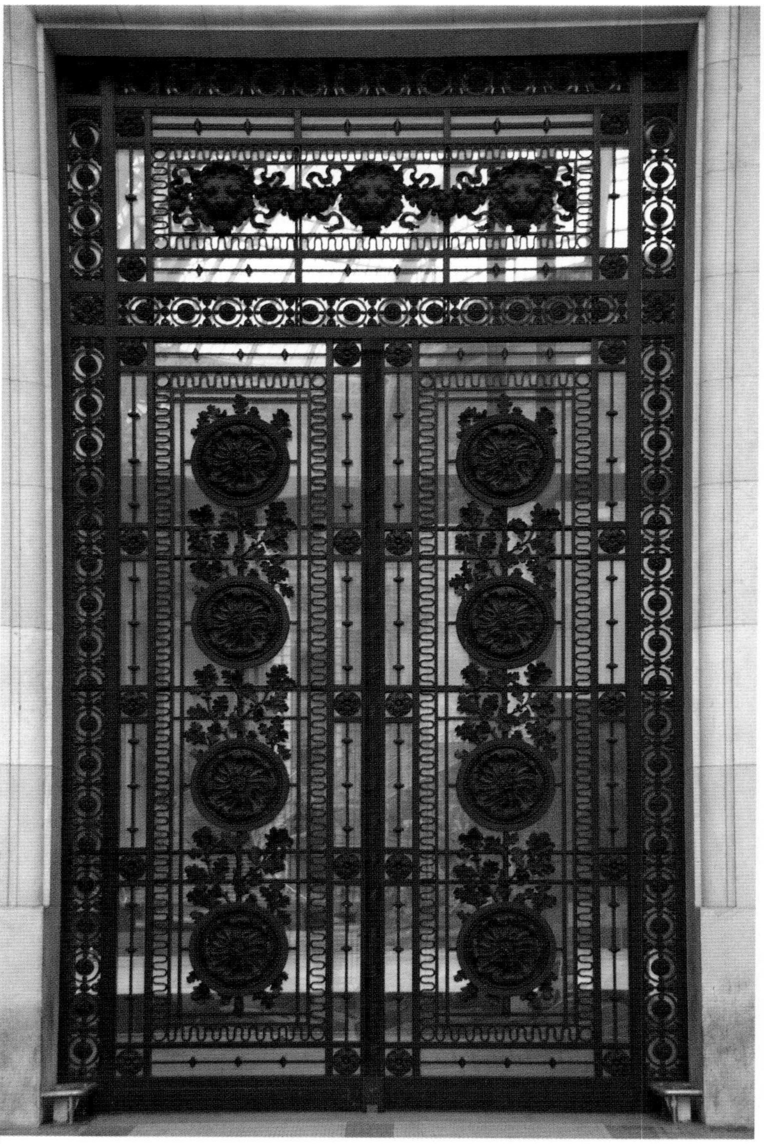

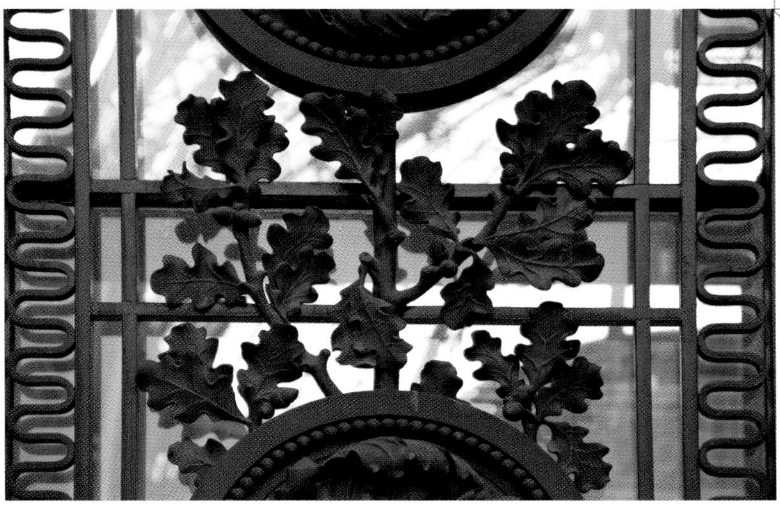

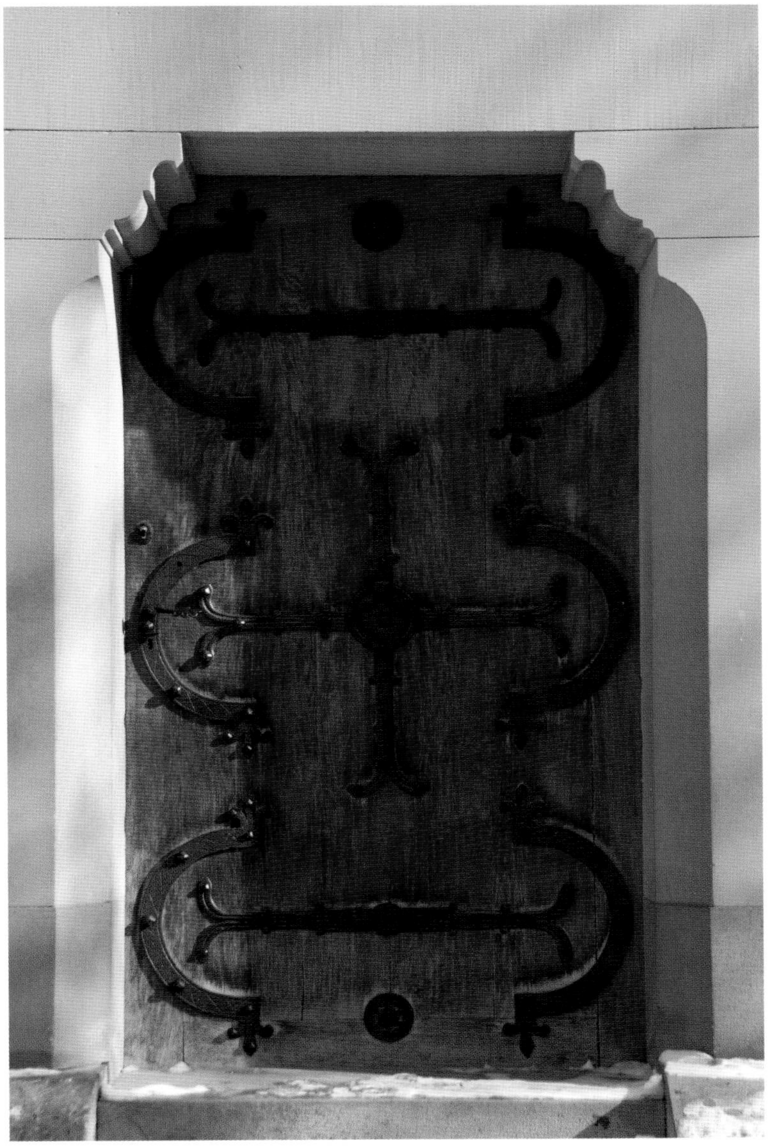

柱

柱：圆柱

折衷主义建筑也会采用古希腊或古罗马的柱式，如多立克、爱奥尼克和科林斯柱式。在有的柱身上，还刻满花纹作装饰。也有不是古希腊、古罗马五种柱式中的柱子，这主要反映在柱头上，有些是向上的卷叶，有些是简单的圆形，配上波浪纹装饰，有些则是人物或动物的雕刻。柱身的装饰也各不相同，有些是光柱，没有一点装饰，有些在靠近柱头、柱础或中间的位置，刻上花纹装饰。有些柱身满是凹槽，有些则满是横条装饰。柱础则相对较简洁，无过多的装饰。

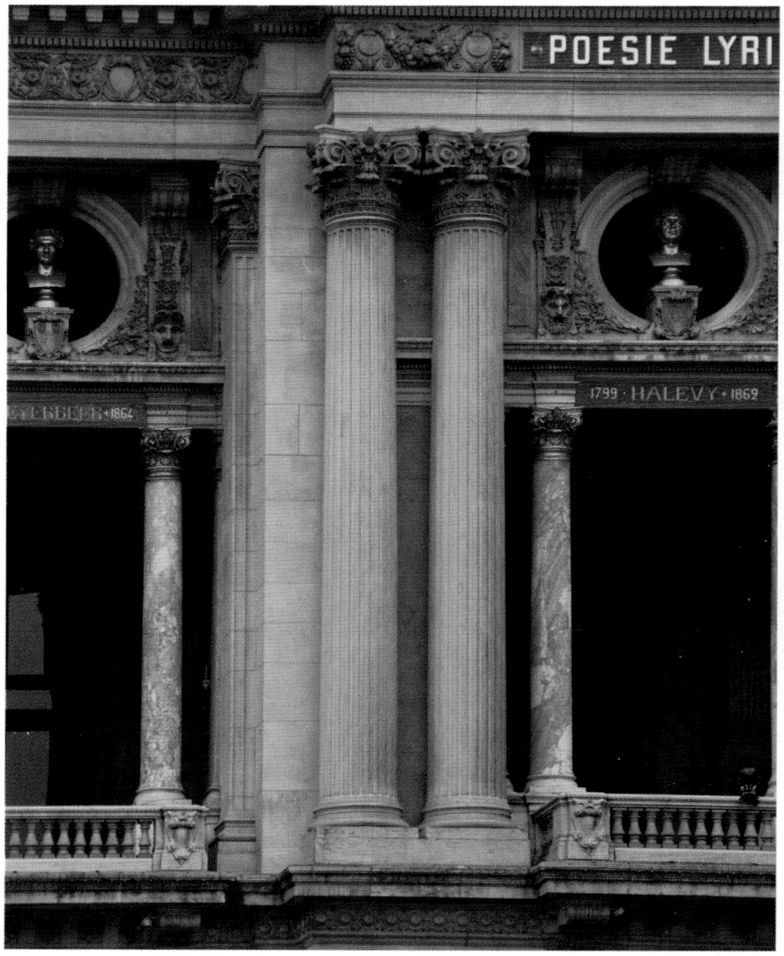

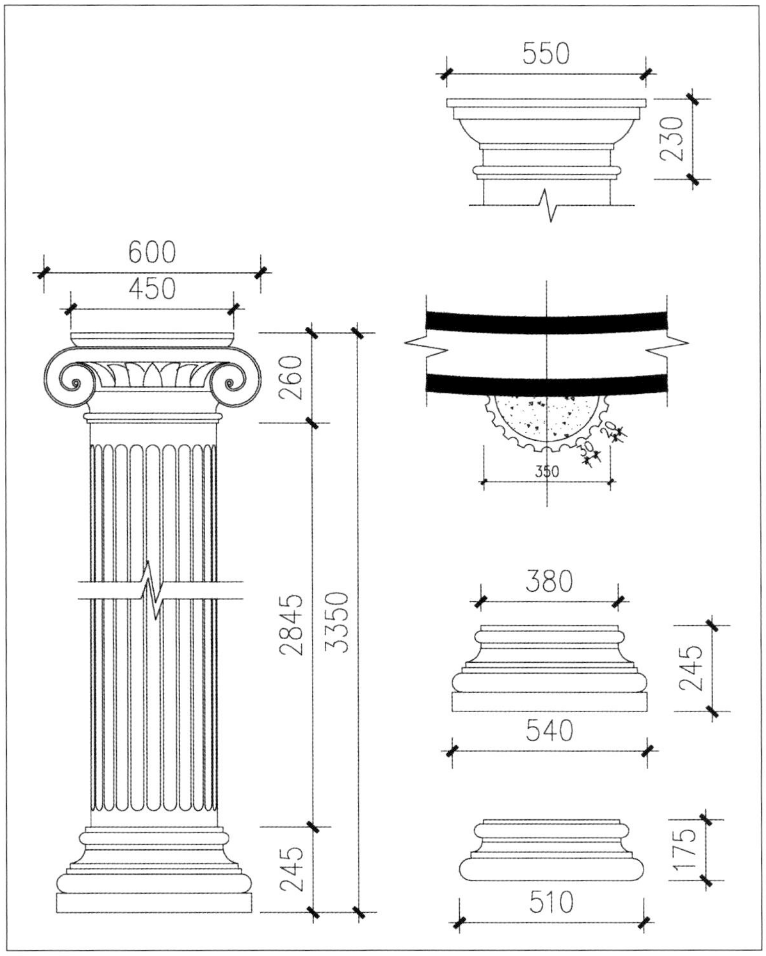

550
230
600
450
260
2845
3350
245
350
380
245
540
175
510

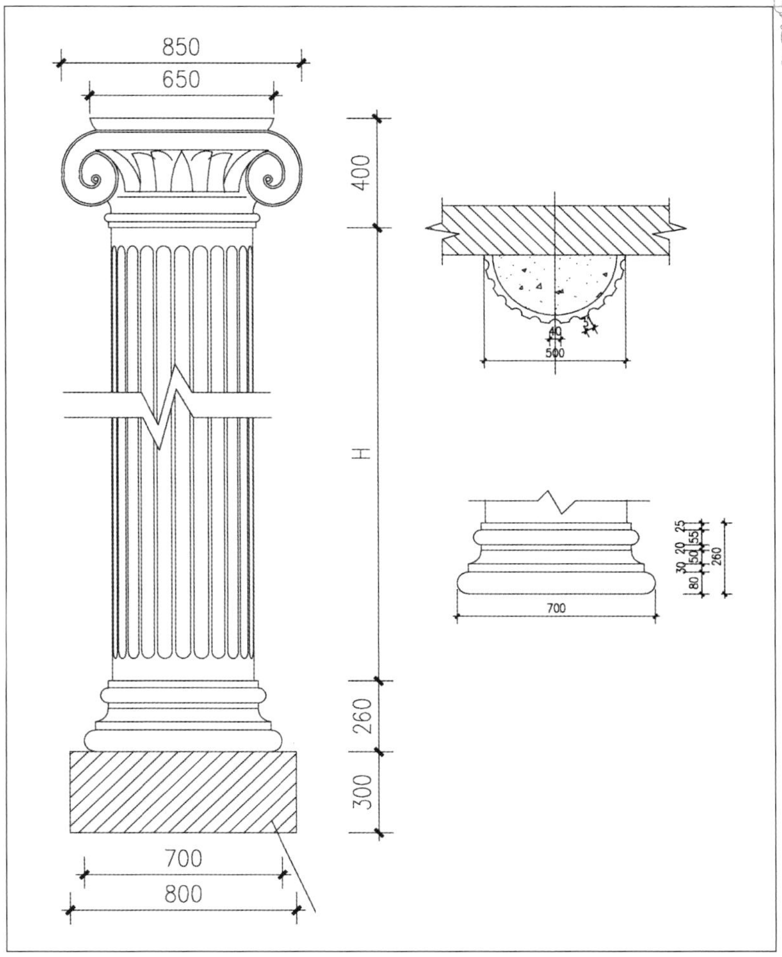

850
650
400
H
260
300
700
800
500
700
260

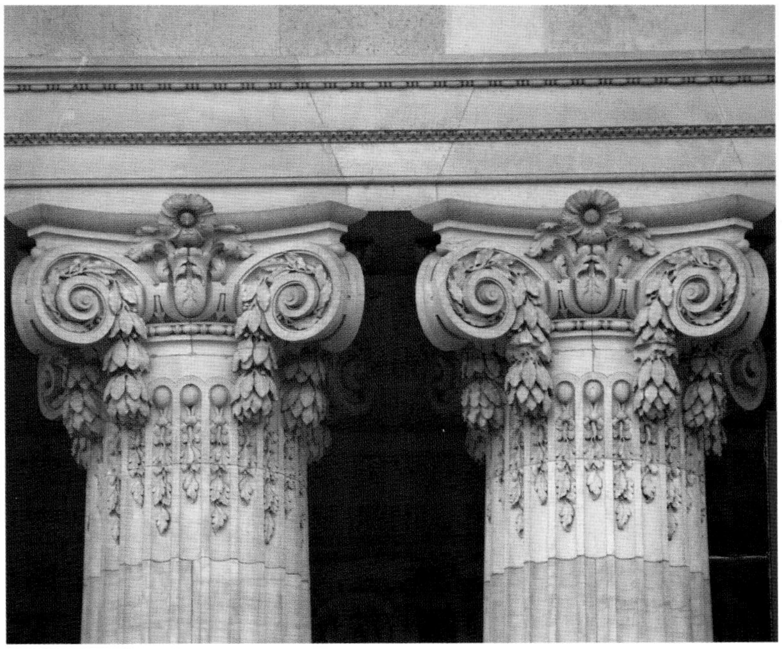

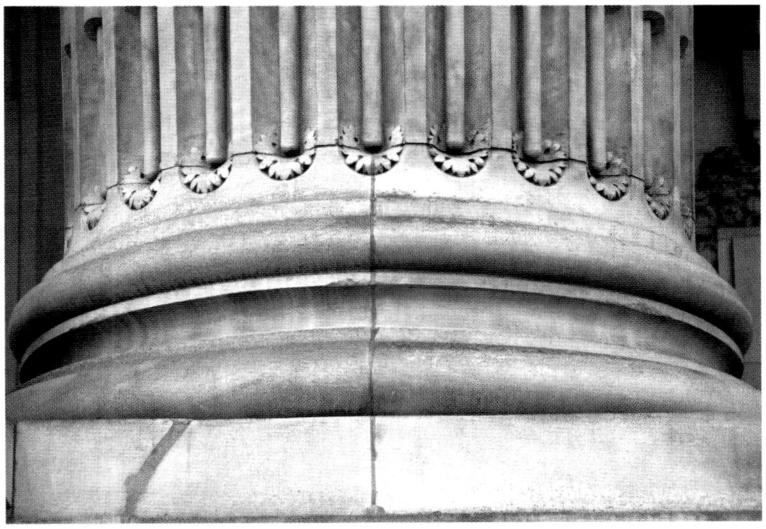

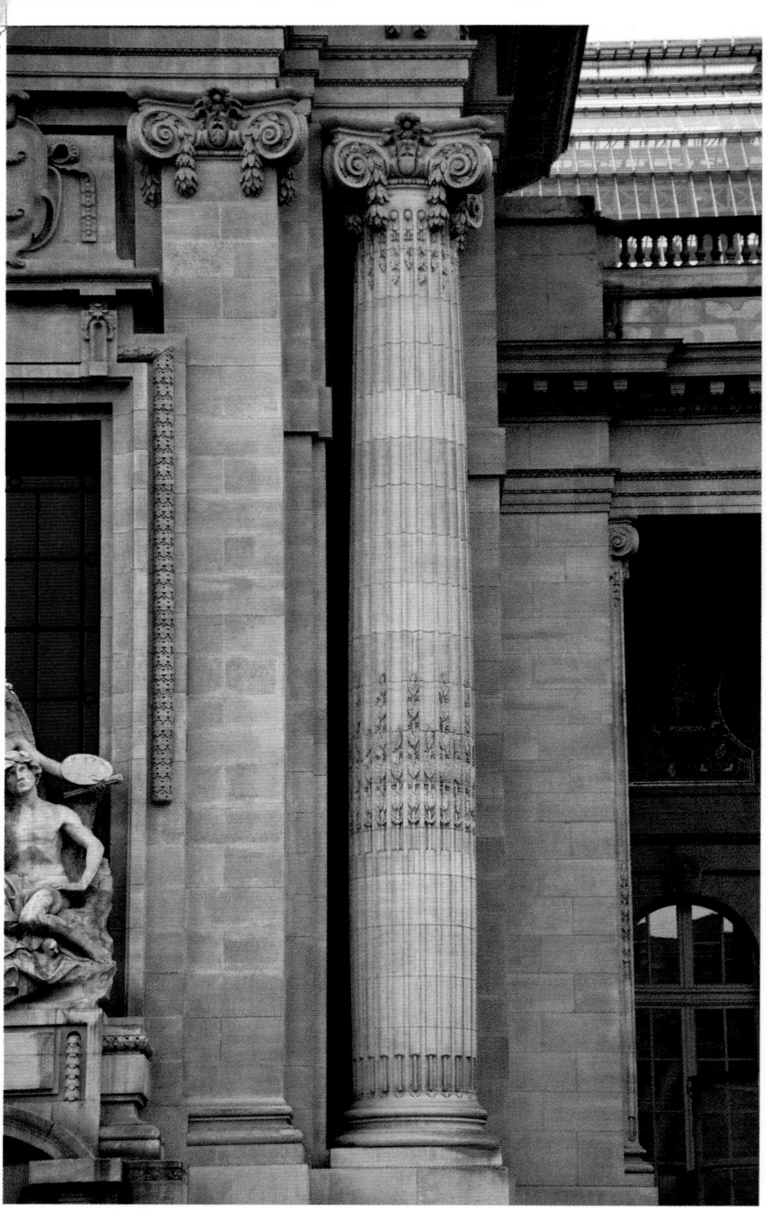

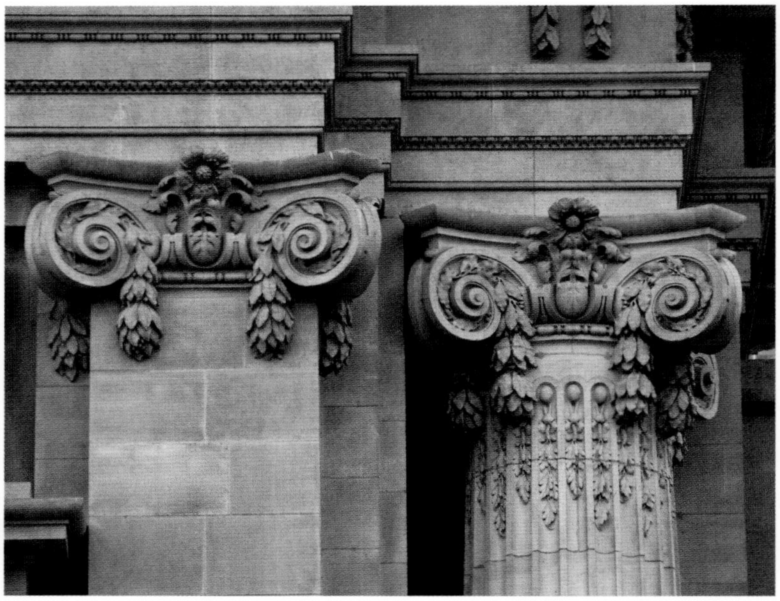

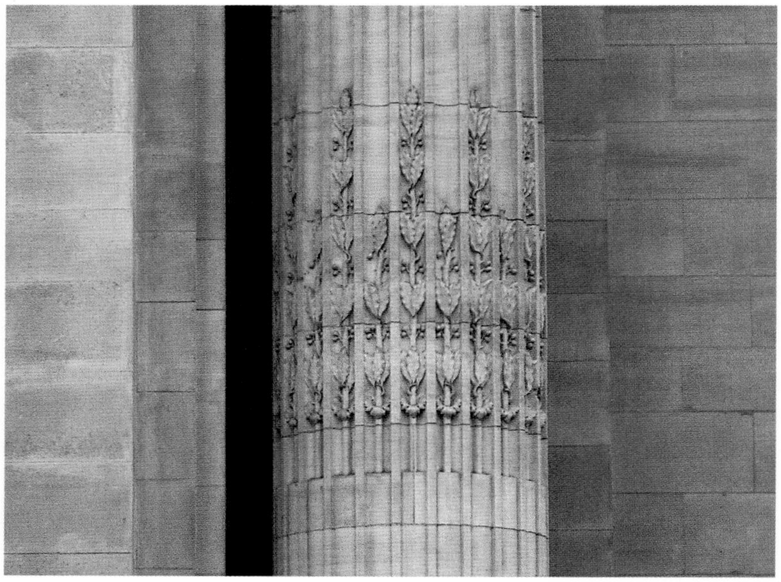

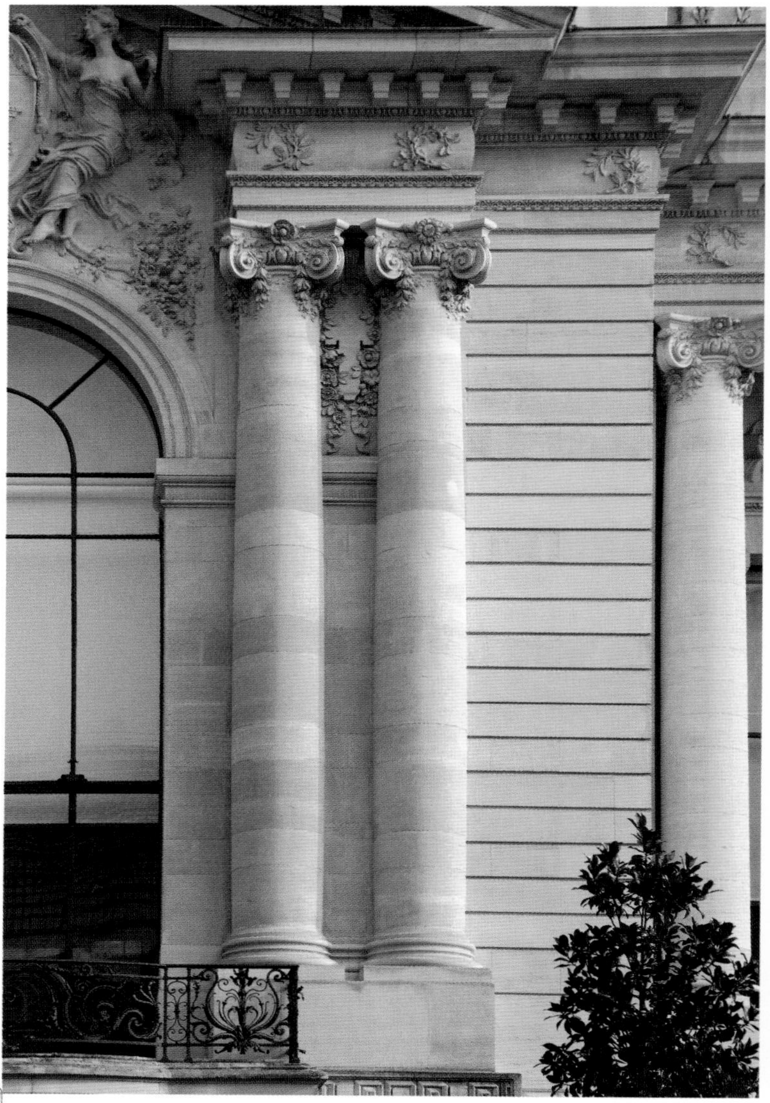

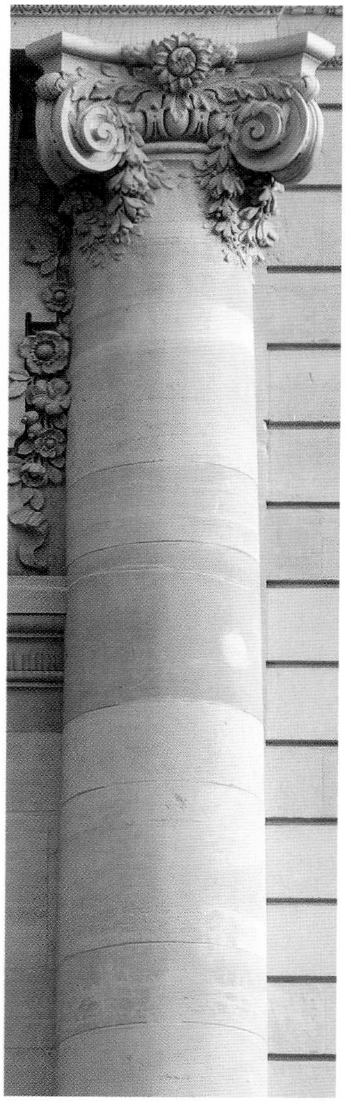

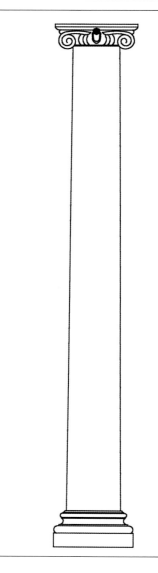

LEON DA VIN

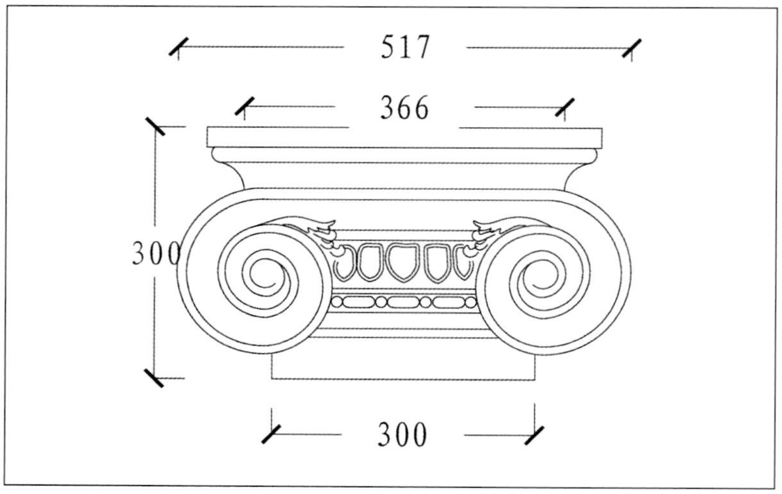
517
366
300
300

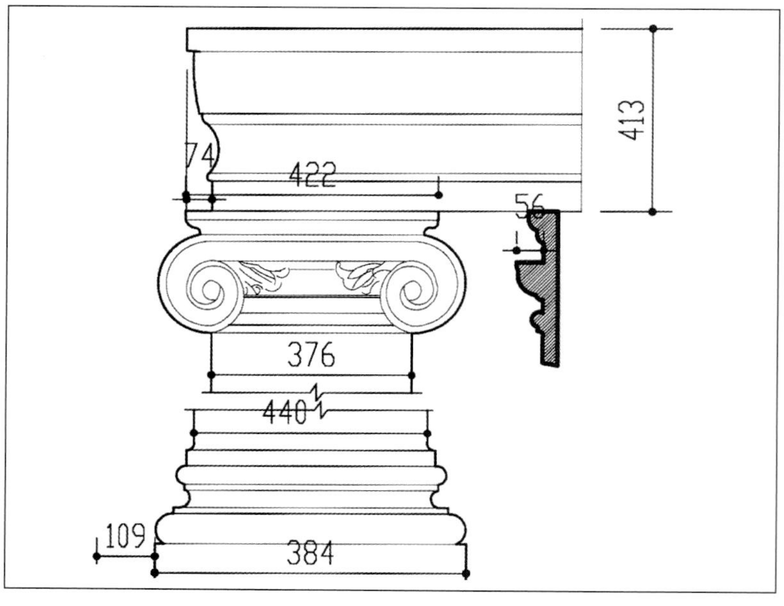
413
74
422
56
376
440
109
384

DEM DEUTSCHEN VOLKE

VOLKE

柱头立面

1799 · HALEVY ·

+1851

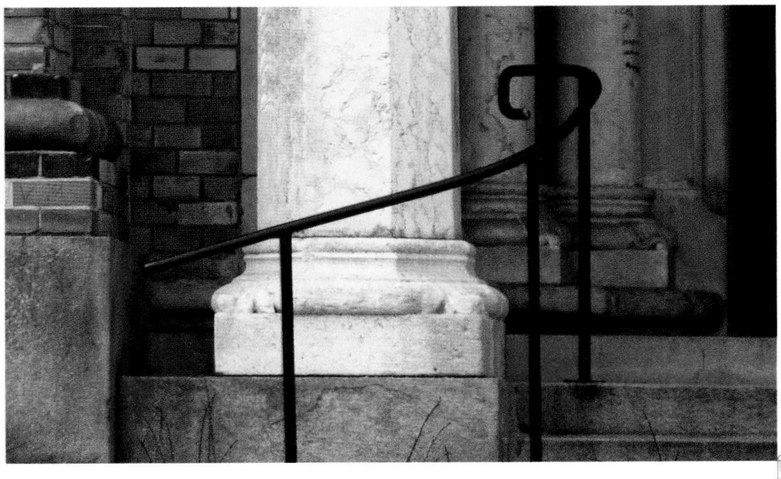

kunst
historisches
museum

直柱

槽柱

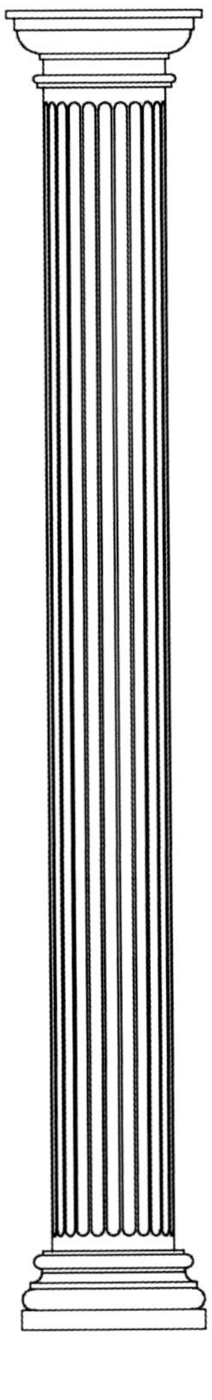

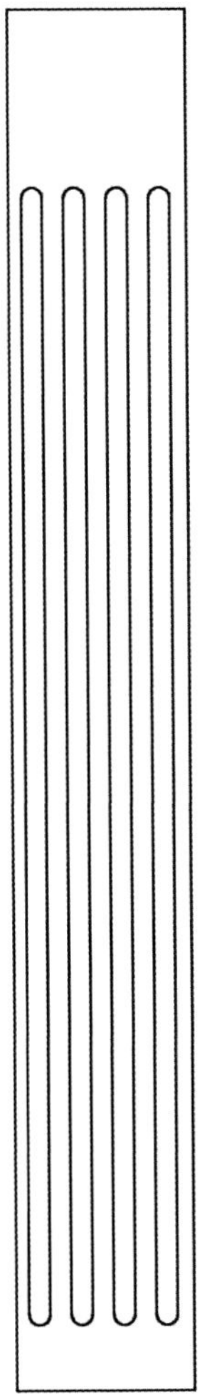

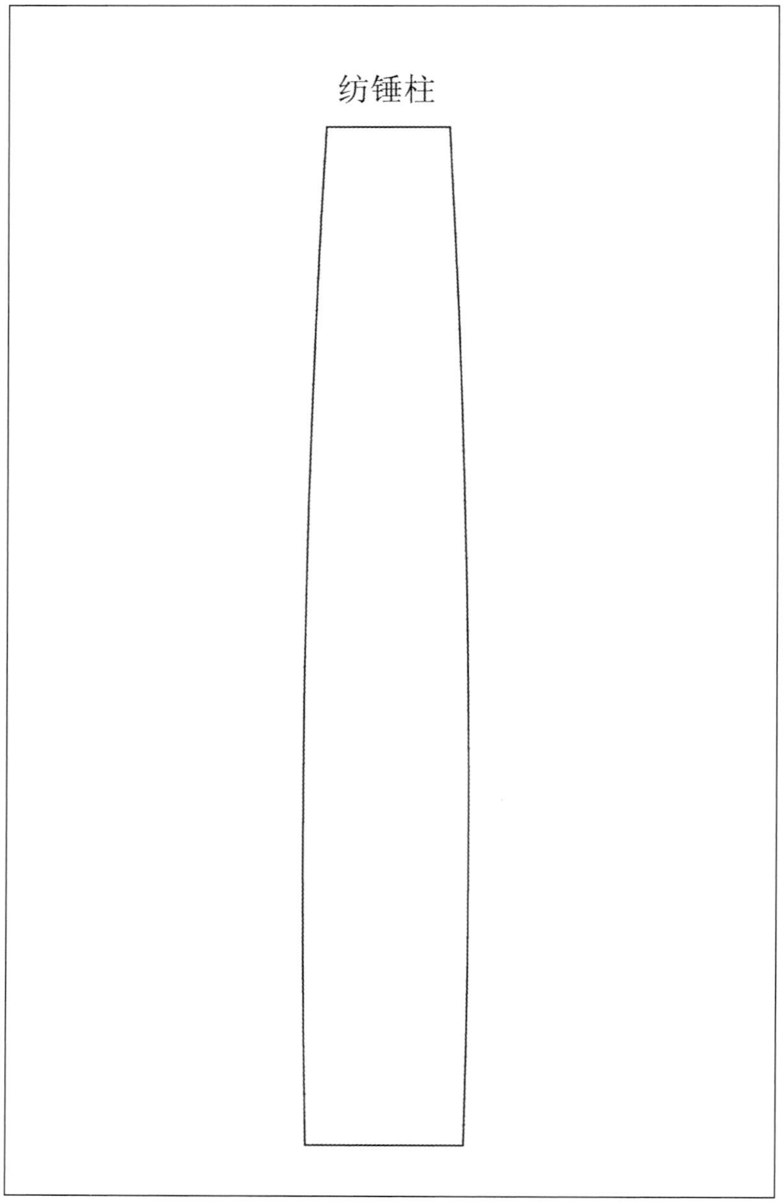
纺锤柱

廊

廊：拱廊

折衷主义建筑采用古罗马的拱廊，平面简单，立面是连续的拱廊组合，形式简洁，拱顶为简单的花纹装饰。拱顶有些是巨大的穹顶，并配以肋拱装饰。边上还有花纹或涡卷装饰。用以支撑大穹顶的，有方形大柱墩，也有细柱组成的束柱。从走廊外看去，柱子上满是连续的大拱券，蔚为壮观。有的建筑外的楼梯整体上看简单古朴，颜色单一，但整体造型不一。有的讲求两边对称，有的则呈曲线形。楼梯两边的栏杆装饰为花瓶状柱子。

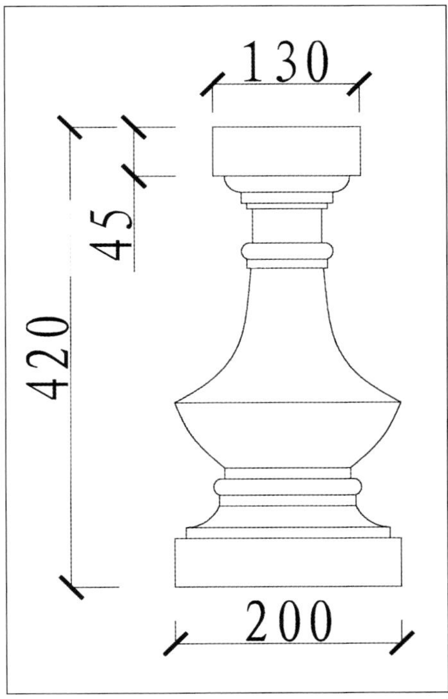
130
45
420
200

A
TARIFS RÉDUITS
ET EXONÉRATIONS
DU DROIT D'ENTRÉE

拱券

拱券：半圆形拱券

有的折衷主义建筑采用罗马式的圆拱券，有连续的券，由上一根根的柱支撑。有的拱券上加以弯曲的巴洛克装饰。也有单个的拱券，周围有人物雕像和花纹装饰，有些券为双层，每层支撑的柱子都不一样，有巨柱，也有细柱。

有些拱券在墙上起装饰作用，有些则起支撑作用，如用以支撑大穹隆顶的拱券。也有尖形拱券，两个或三个为一组，中间以柱子支撑。用以支撑拱券的柱子有方柱也有圆柱，柱头也不一定是古罗马时期的五种柱式，变化多样。

LAVRVM. MILITIBVS. LAVRO. DIGNIS. MDCCCCXVI.

16

16

16

立面

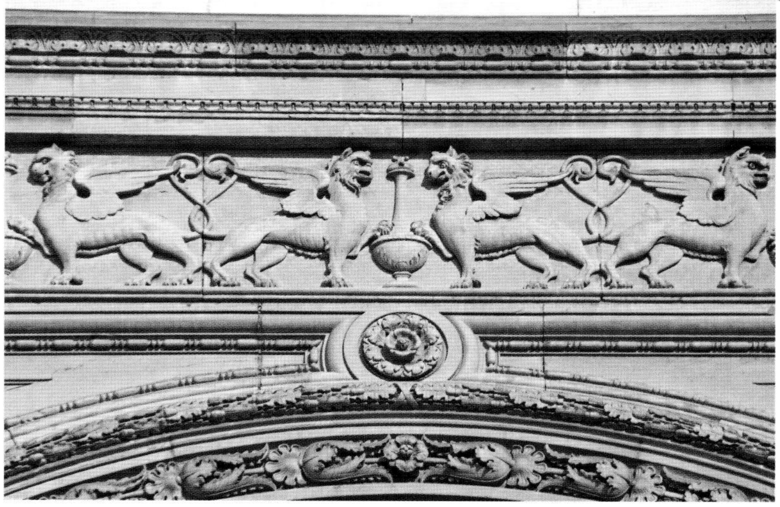

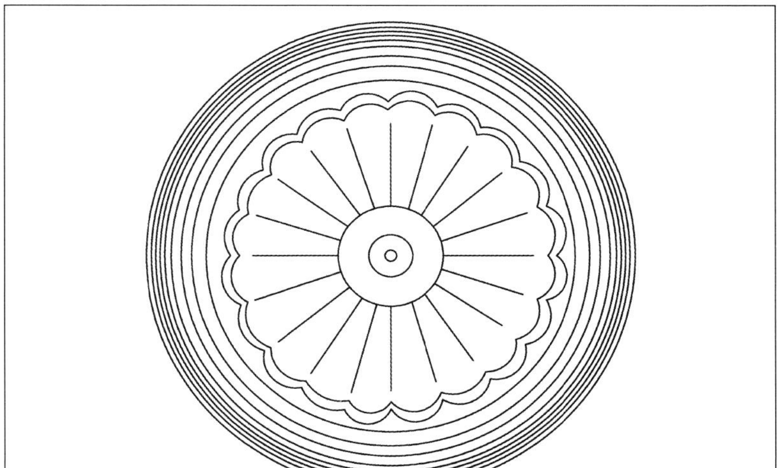

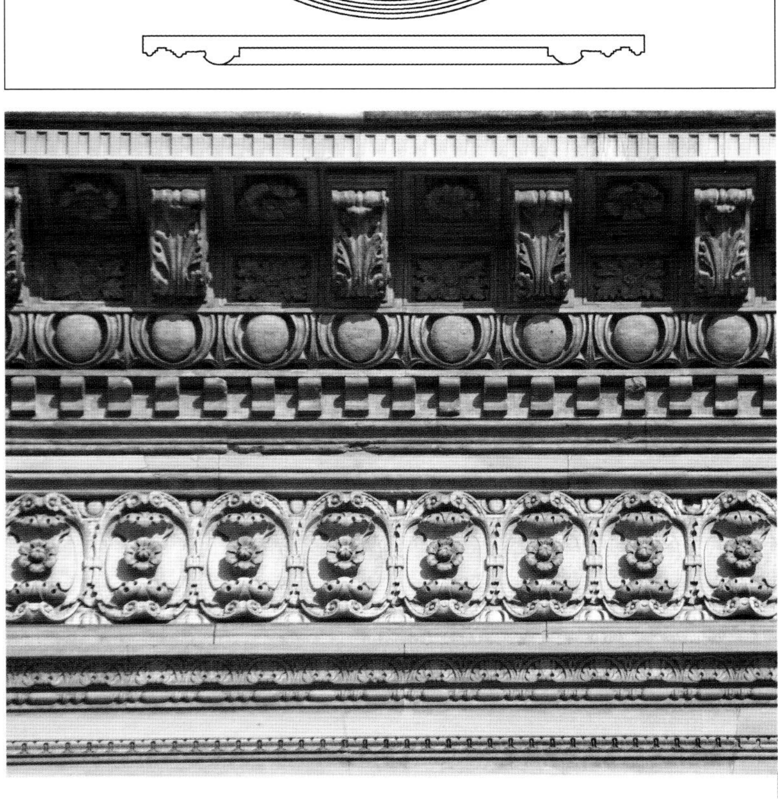

装饰构件

装饰构件：山花，色彩，绘画，雕饰

折衷主义建筑拼凑不同风格的装饰纹样，有的简洁，采用古希腊的山花雕饰。有的折衷主义建筑在装饰上采用巴洛克建筑风格，并掺进了烦琐的雕饰，不管内部装饰还是外表建筑都极尽华丽之能事，绘画、大理石和金饰等交相辉映。折衷主义思潮认为，在建筑上只要能实现美感，就可以不受风格的束缚，自由组合各种建筑式样，或拼凑不同风格的装饰纹样。即使是同一个建筑，其装饰纹样也有可能是融合了历史上的各个时期及自身的文化特色。

A.DURER

SALVATORIANER
SDS

POESIE LYRIQUE

SCULPTURE
PEINTURE

NATIONALE · DE
1756·MOZART·1791

XII

GEWIDM. v. JOHANN
u. CÆCILIA SCHREINER 1907.

N

E

ERRICHTET VON
FRANZ JOSEPH I. 1888

SENZA CUORE SAREMMO SOLO MACCHINE.
Giulietta

AN
IX

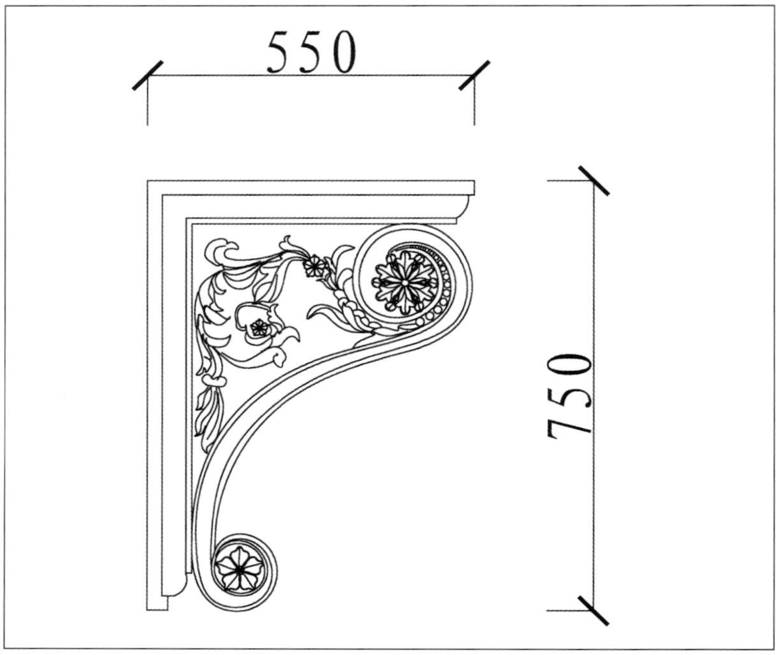
550
750

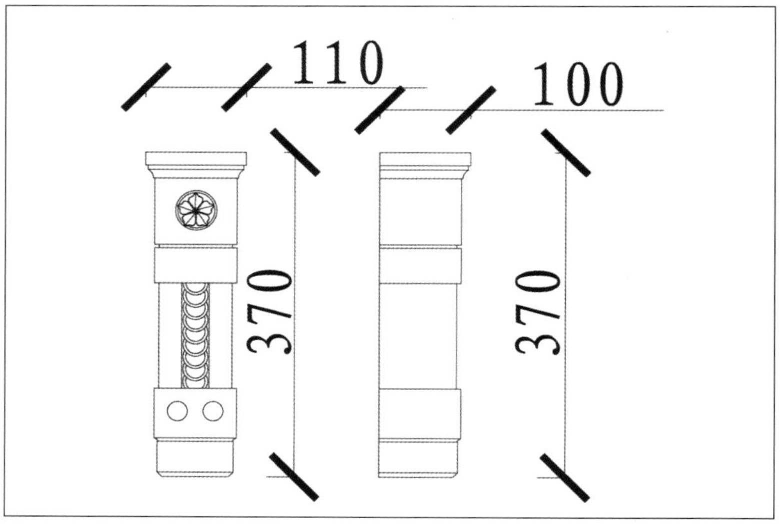
110
100
370
370

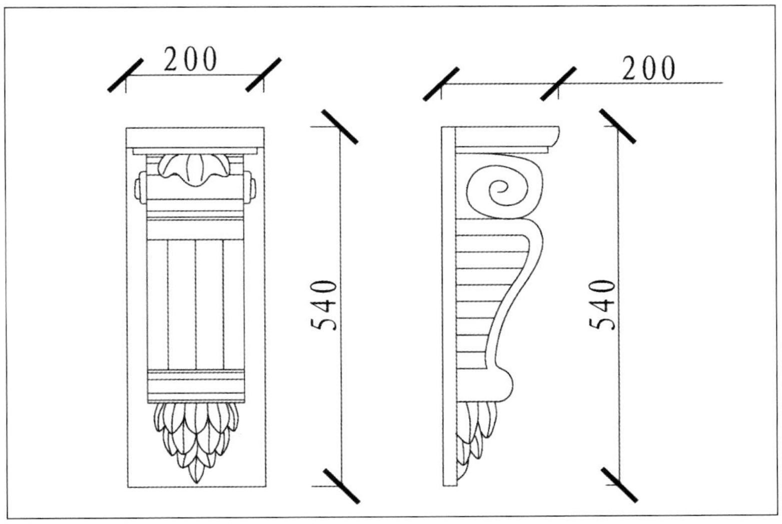
200
200
540
540

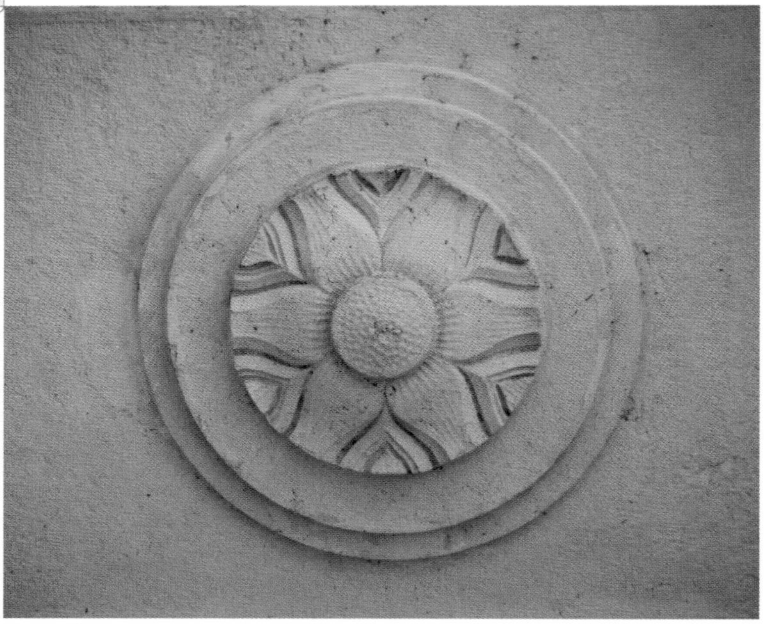

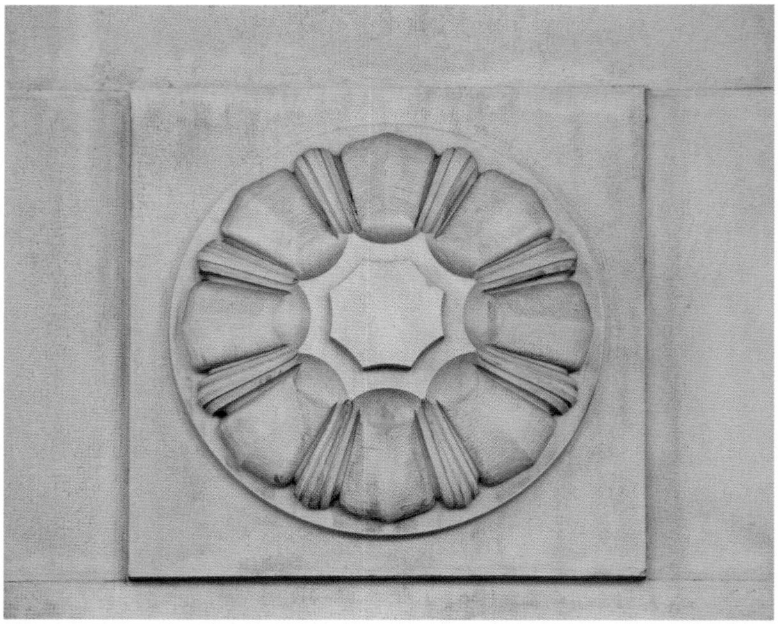

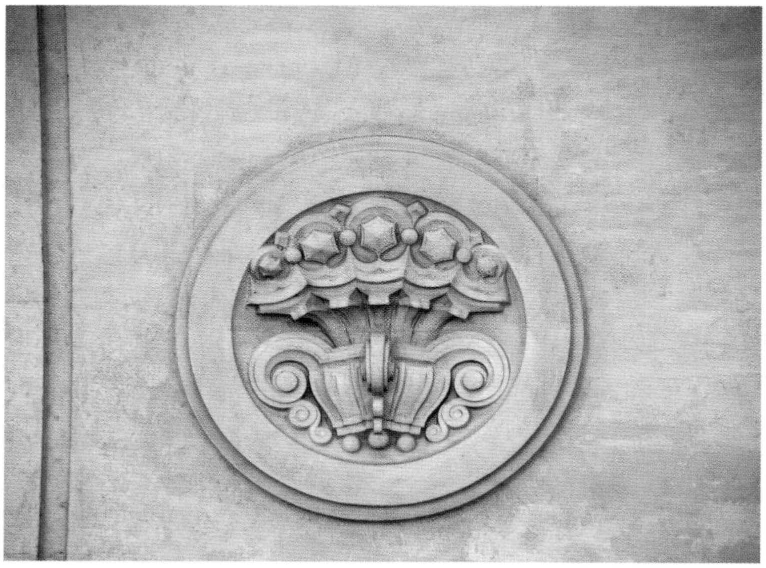

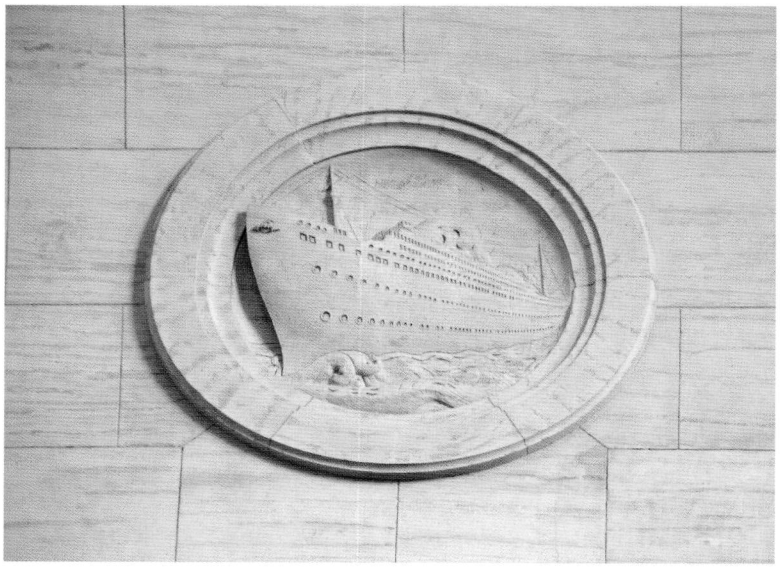

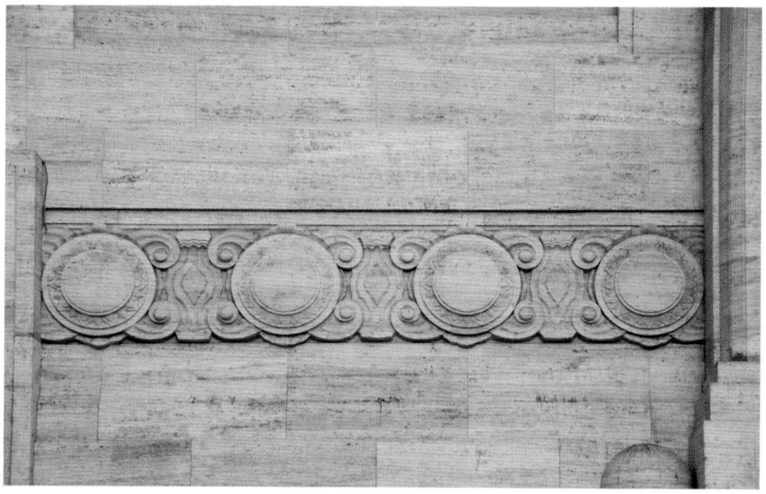

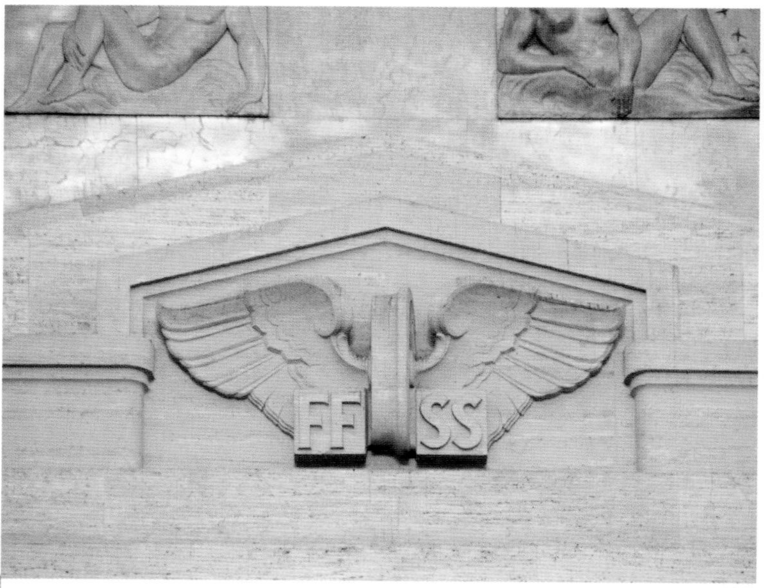
FF
SS

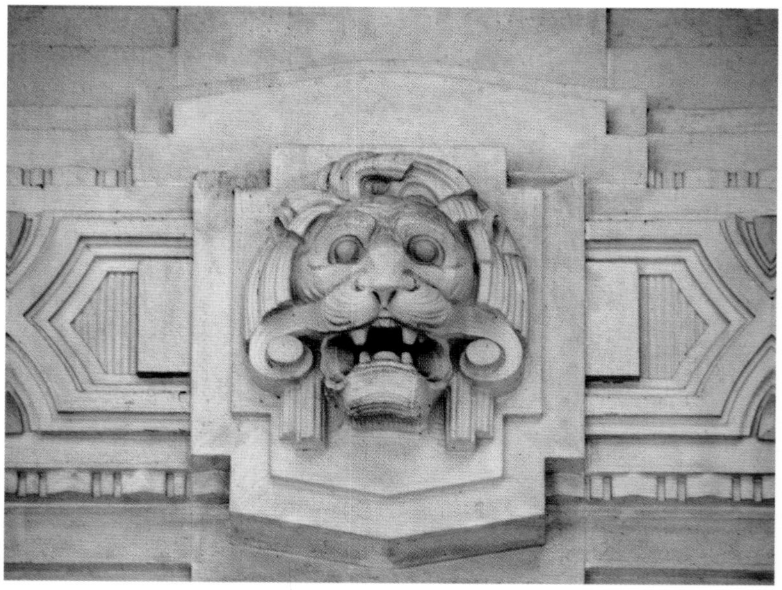

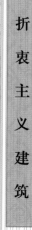

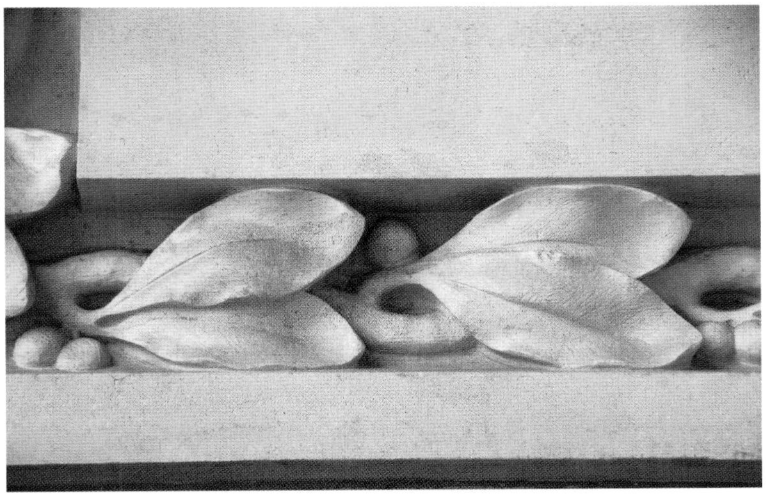

SOUS LA HAUTE DIRECTION
DE J. BOUVARD
DIRECTEUR DES SERVICES D'ARCHITECTURE
DE L'EXPOSITION UNIVERSELLE DE 1900
CH. GIRAULT, ARCHITECTE EN CHEF
DES DEUX PALAIS DES CHAMPS ELYSEES
LE GRAND PALAIS
DES BEAUX-ARTS
A ETE CONSTRUIT
DE 1897 A 1900
PAR LES ARCHITECTES
HENRI DEGLANE
ALBERT THOMAS
ALBERT LOUVET

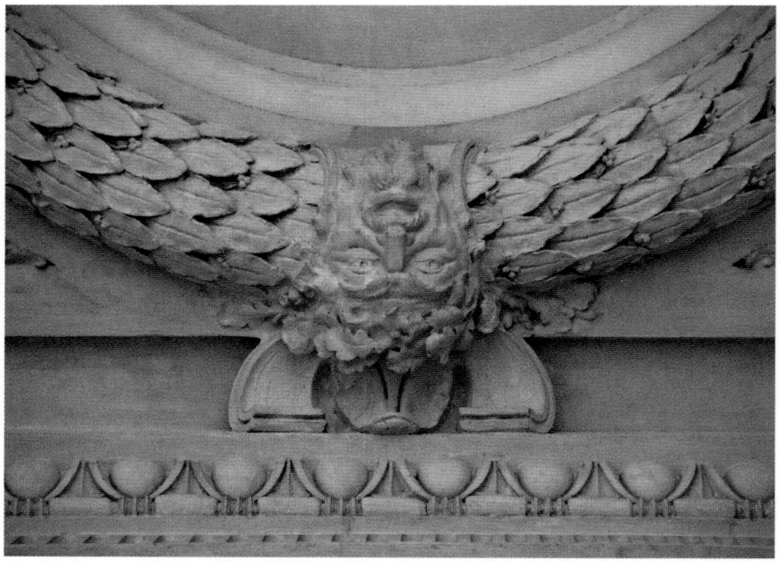

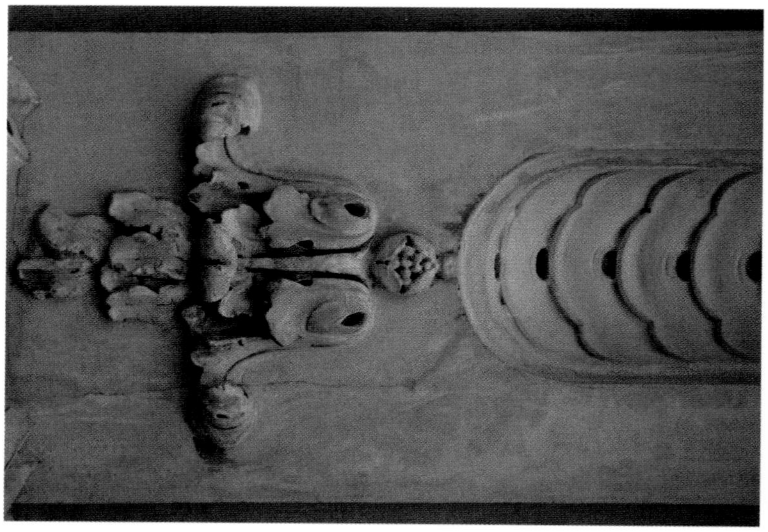

R
F

Reporters sans frontières
100 PHOTOS
de Pierre
& Alexandra Boulat
9 SEPTEMBRE 2010 – 27 FÉVRIER 2011
Petit Palais
DUPON

CIMAROSA

CIMAROSA

RUDOLPH
VON
HABSBURG

室内空间

室内空间：博采众长，自由组合

折衷主义建筑的室内空间选取历史上的各种风格，博采众长，予以自由组合，追求空间的舒适性，并以其为中心，既可以优雅舒适，也可以是强烈的视觉冲击力，并在室内装饰许多浮雕、壁画和镶嵌画。折衷主义建筑的空间造型比以往任何时期都要随意，可以是在大穹隆顶下恢弘的空间，在尖券结构下高直窄长的空间，也可以是在圆券和肋拱下创造出宽阔深邃的空间。各种建筑也因其功用不同而使空间大小不一。在四周墙壁、拱顶上配以多样的装饰，有的简单，有的繁复，无不体现折衷主义之风格特点。

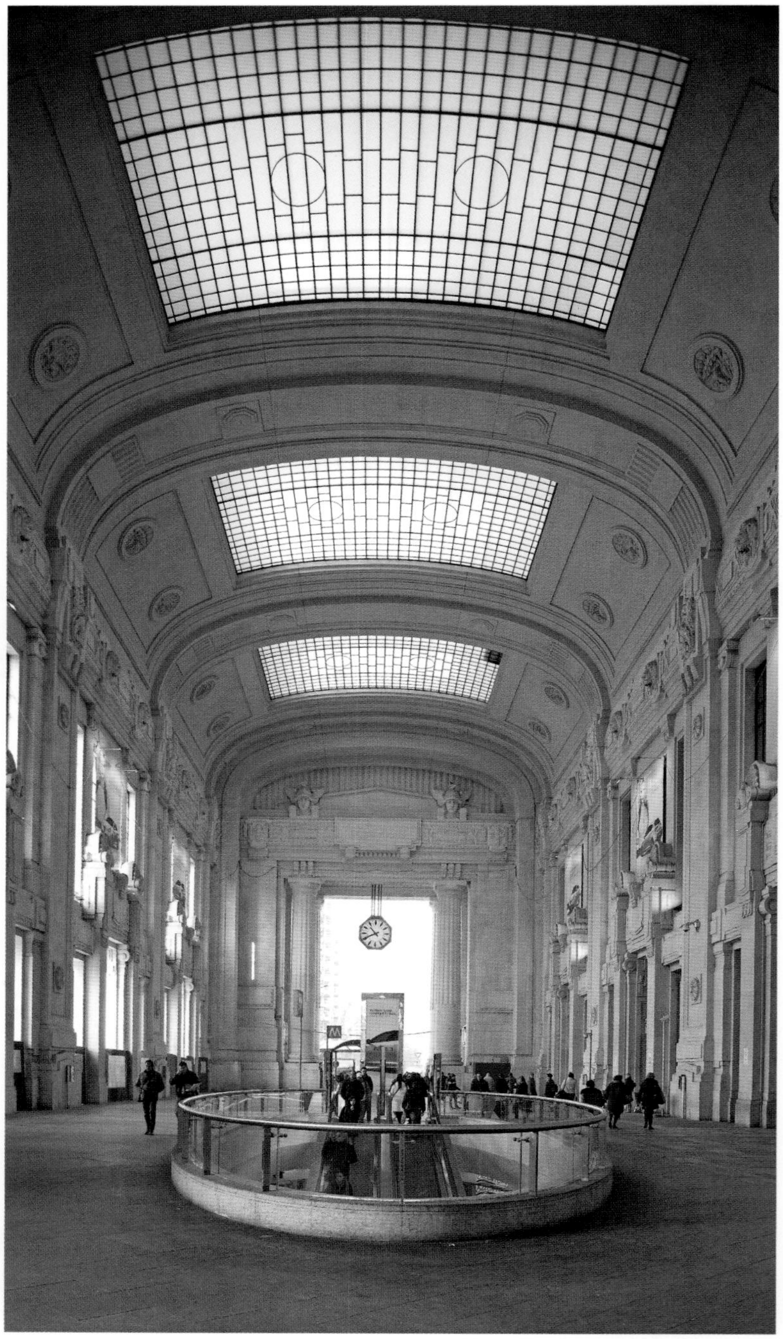

0 1 2 3 4 5 6 7 8米

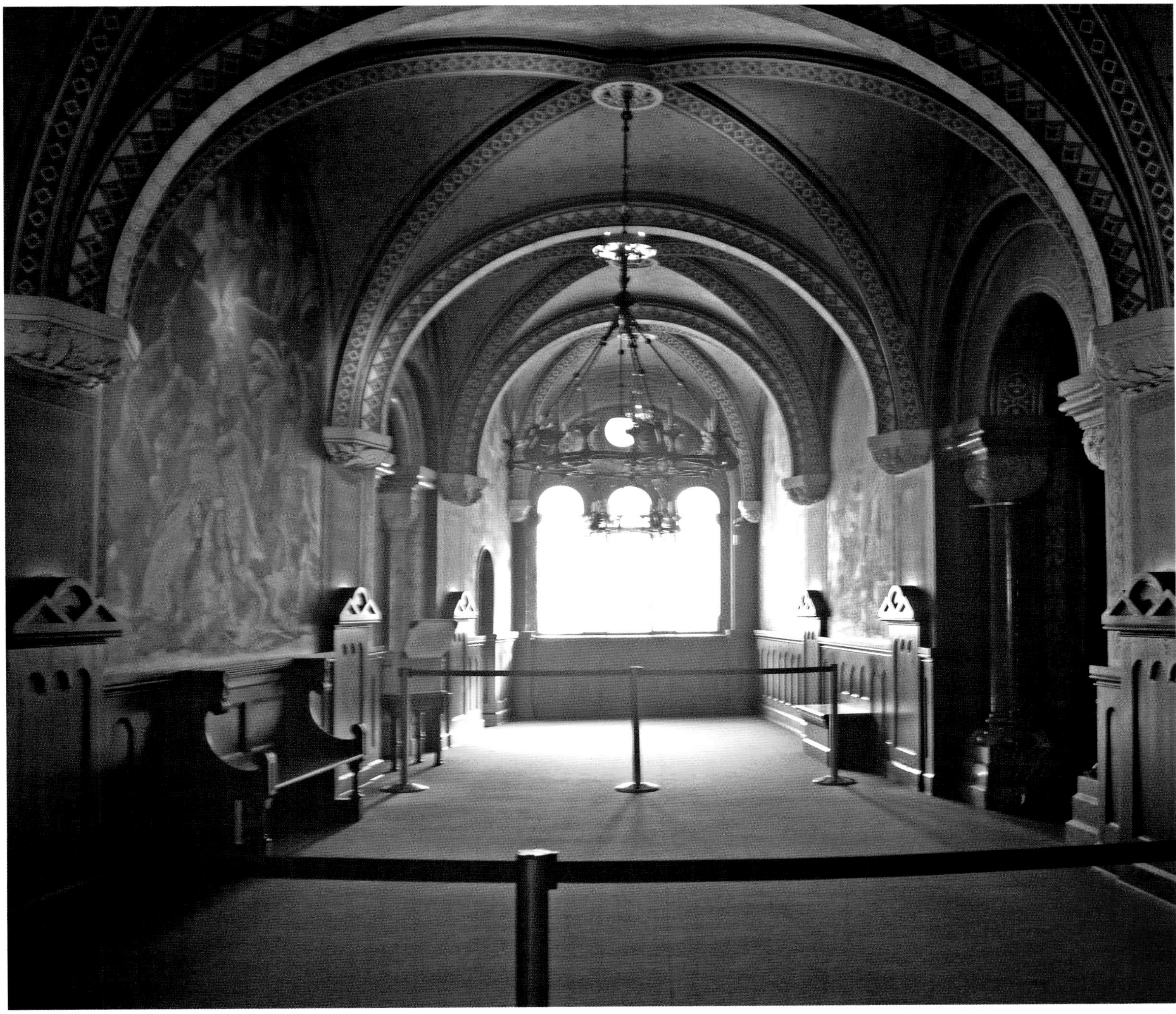

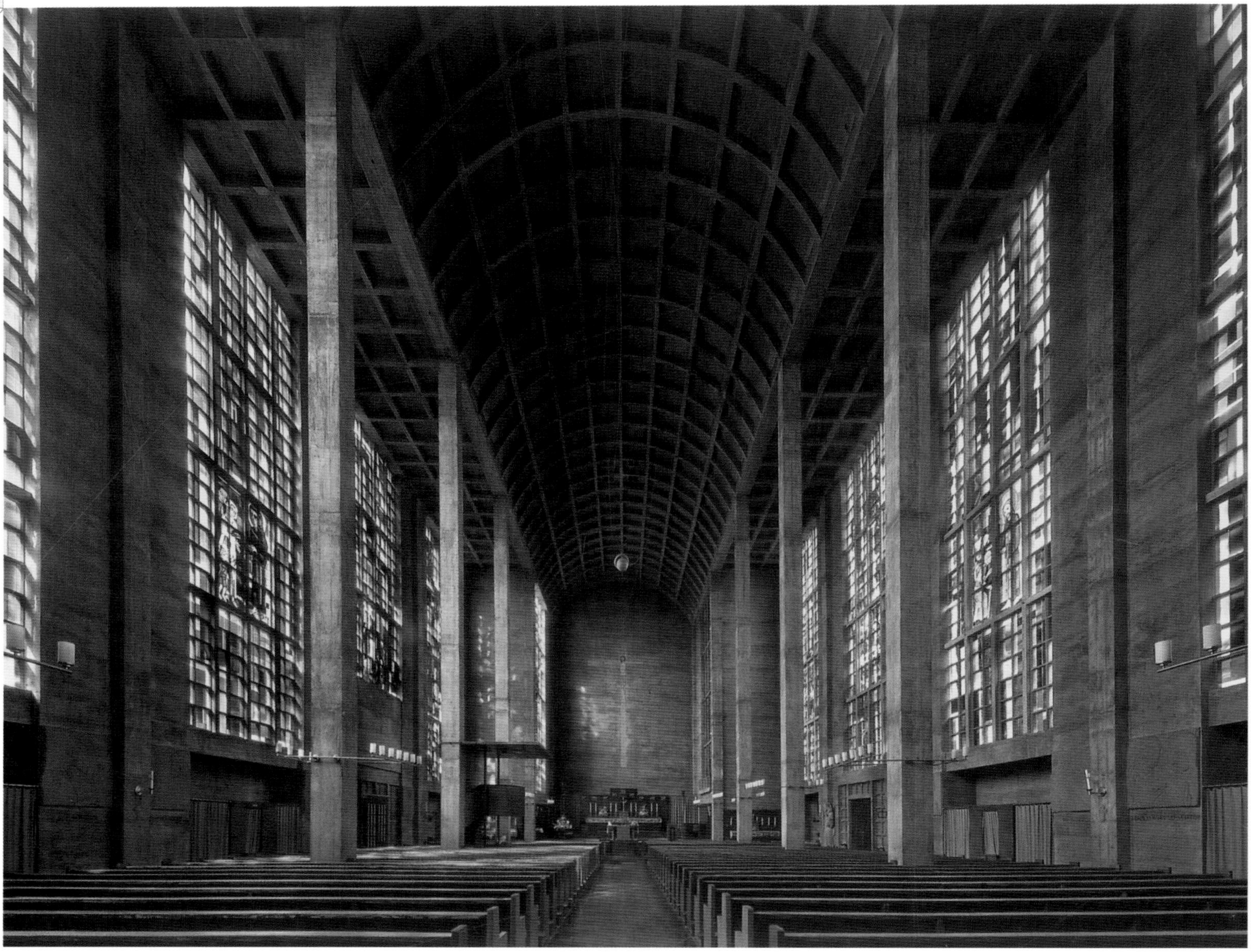

PRADA
LOUIS VUITTON
SAVINI
SAVINI

PRADA
PRADA
PRADA

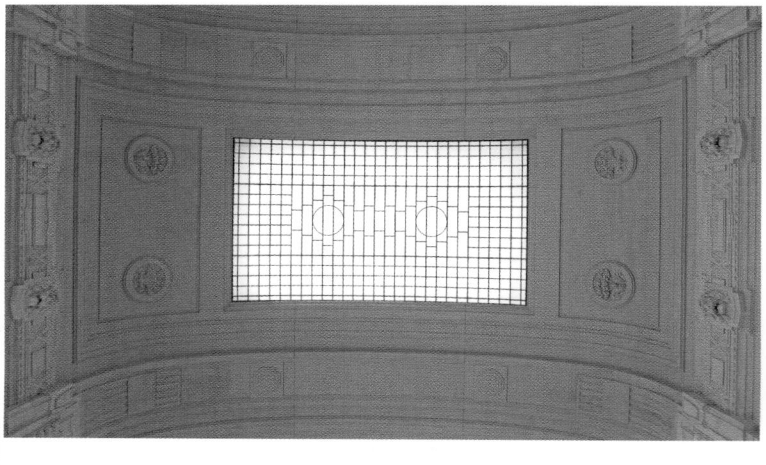